JN077046

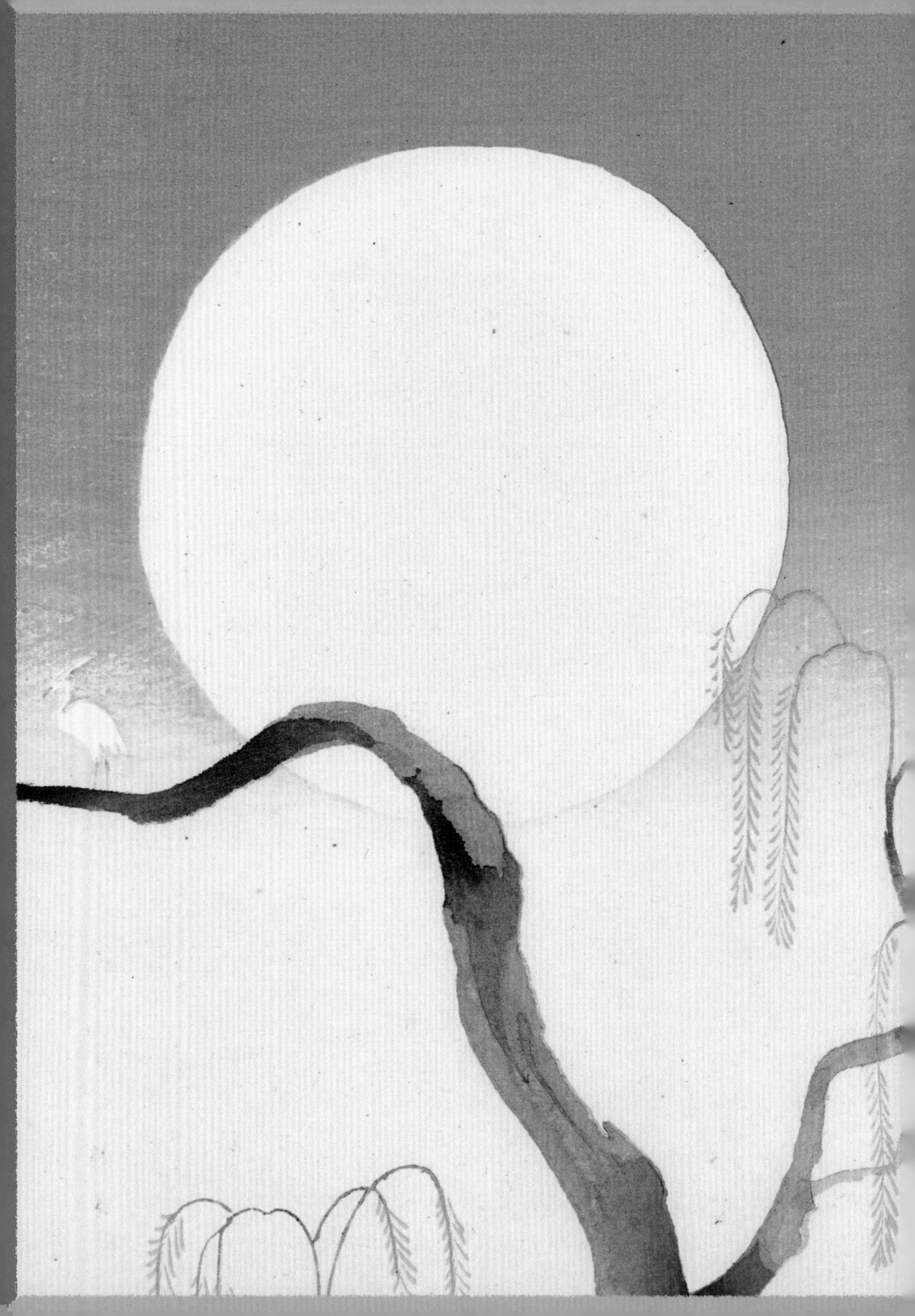

HAIBARA ART AND DESIGN

和紙が
織りなす
日本の美

はじめに
FOREWORD

日本橋に店舗を構える「榛原―はいばら―」は、1806(文化3)年に創業し熱海製雁皮紙をはじめとする高級和紙や、小間紙と呼ばれる装飾用の和紙製品(千代紙、書簡箋、熨斗ほか)などを販売してきました。18世紀の終わり頃から製造が開始された熱海製の雁皮紙は、墨の付きがよく緻密で上品な光沢があり、従来の楮製の紙に代わる高級紙として江戸の人々に広く愛用されるようになります。雁皮紙を加工した和紙製品には、美しい彩色や同時代の画家による装飾が施され、榛原は上質かつ洗練された高級和紙舗としての評判を確立します。

明治時代になると、高度な木版摺の技術とデザイン性を兼ね備えた榛原の商品は、日本を代表する工芸品として海外から高く評価され、国内外の博覧会で受賞を重ねました。

今回の展覧会では、おもに明治から昭和初期にかけて榛原で製作された貴重な品々をご紹介します。河鍋暁斎(1831~1889)や川端玉章(1842~1913)が手がけた華麗な千代紙や、同時代の画家たちによる団扇や団扇絵、美しい絵柄の絵封筒や絵半切(便箋)は、当時の人々に身近で上質な〈美〉との触れあいをもたらしました。

また、榛原の当主たちは商品の研究も兼ねて、同時代の芸術家たちと交流を結んできました。特に明治期前半に活躍した三代目当主榛原直次郎は美術への関心が高く、伝統的な日本美術の保護と殖産興業を目的として結成された龍池会に入会し、日本青年絵画協会(のちの日本美術院)の設立を援助するなど、美術界と深いつながりをもっていました。こうした榛原と美術家たちとの関わりについても注目し、柴田是真(1807~1891)や河鍋暁斎、竹久夢二(1884~1934)が手がけた仕事の数々をご紹介します。日本の紙文化と伝統木版画の流れを受け継ぐ小間紙の魅力と、豊かなデザインの数々をお楽しみください。

最後になりましたが、貴重な作品をご出品くださいました株式会社榛原さまをはじめ、所蔵家の皆さま、関係各機関に心から感謝申しあげます。

主催者

At their Nihonbashi store in Tokyo, Haibara, founded in 1806, have been mainly selling gampi paper made in Atami, and other types of high-quality Japanese paper (washi), as well as so-called komagami, decorative articles made from processed paper (chiyogami, letter paper, noshi, etc.). First produced in Atami around the end of the 18th century, gampi paper is a type of high-grade paper with an elaborate, glossy texture and good compatibility with ink. It became the new letter paper of choice in the literati circles in the Edo period, replacing paper made from mulberry bark that had been commonly used before. Haibara also offered various other processed washi articles made from gampi paper, decorated with beautifully colored patterns and designs by contemporary artists, which helped establish the reputation of Haibara as a purveyor of refined, high-quality Japanese paper.

In the Meiji era, Haibara products, combining advanced printing techniques and classy designs, became popular around the world as items representing Japanese craftwork, and repeatedly won awards at exhibitions at home and abroad.

This exhibition mainly revolves around precious items that were produced by Haibara between the mid-19th and 20th century. Splendid types of chiyogami designed by Kawanabe Kyosai (1831–1889) and Kawabata Gyokusho (1842–1913), uchiwa (fans) and uchiwa-e with designs by other contemporary artists, and beautifully patterned envelopes and letter paper, represent some of the contact points for the Japanese people with "refined beauty" within everyday life at the time.

While investigating and developing their product lines, the successive heads of Haibara also engaged in exchange with the artists du jour. Especially the third-generation Haibara Naojiro, who was heading the company in the first half of the Meiji era, had a strong interest in the activities of artists. His deep connections to the art world included joining the Ryuchikai, an organization for the preservation of Japanese traditional arts and industrial promotion, and helping establish the Nihon Seinen Kaiga Kyokai (later renamed Nihon Bijutsuin). With a special focus on such relationships between artists and Haibara, the exhibition presents a number of works by Shibata Zeshin (1807–1891), Kawanabe Kyosai and Takehisa Yumeji (1884–1934). Look forward to a showcase of gorgeous designs that convey the appeal of decorative paper products according to the trends and fashions within the culture of Japanese paper and traditional woodblock printing.

Finally, we would like to express our heartfelt gratitude to Haibara Co., Ltd. for providing precious items from their catalogue, as well as to individual owners and related organizations.

The Organizers

凡例

・本書は三鷹市美術ギャラリーで開催される「HAIBARA Art & Design 和紙がおりなす日本の美」(2023年12月16日〜2024年2月25日)の公式図録として刊行したものである。

・本書に掲載されている作品と展示作品が一部異なる場合がある。また展示の順番が異なる場合がある。

・キャプションは、作品については原則として図版番号、作家名(和英)、(「画家たちとの交流」のみ種別を記載)、作品タイトル(和英)の順序で記載した。作品名における人名表記は、本展の開催にあたり一部統一した。

・図版に関わる各文章および解説の執筆は富田智子(三鷹市美術ギャラリー学芸員)が担当した。

目次

CONTENTS

◆◆◆

文化期(1804～18)の初め頃、江戸日本橋界隈に「雁皮紙」の暖簾を掲げる店3軒──榛原・金花堂・今井──があった。雁皮紙とは、野生の雁皮を原料にした和紙で、かつては平安時代にも製造され、和歌の詠草用や記録紙などに重用されていた高級紙である。その後戦乱の時代を経て雁皮紙の生産は途絶えていたものを、18世紀の終わり頃に伊豆熱海の商人である今井半太夫が製造を始め、次第に生産量を増やして江戸でも販売するようになった。

冒頭に記したとおり、本町一丁目に出店した今井(含章堂)のほかに、通四丁目の金花堂、萬町の榛原(聚玉堂)を加えた3店が今井製の雁皮紙を売り出すと、緻密で光沢のある上品な熱海産雁皮紙に魅了された江戸の人々は、それまでの楮製の紙に代わり新たに登場した雁皮紙を愛用した。彼らの需要に支えられ雁皮紙の消費は増大し、榛原の基礎が雁皮紙によって築かれた旨が、榛原の四代目榛原直次郎の随筆に記されている(註)。

その後、江戸を代表する書物問屋である須原屋茂兵衛のもとで修行をした須原屋佐助(初代中村佐助)が金花堂を買い受け、次いで榛原と今井をも買い受け経営にあたったため、榛原・金花堂・今井の3店は名前こそ異なるものの「連理の関係」となる。3店は、主力であった雁皮紙のほかにも奉書紙や唐紙などの高級和紙や小間紙と総称される和紙製品(色紙や短冊、封筒、半切など)の販売、さらには版元として書物等の出版も行い、それらの店は商品を求める画家文人墨客など江戸の文化人が出入りする場所となった。それぞれの店は高級和紙専門店として江戸で評判となり、激動の維新を経て明治へと商いが引き継がれていく。

本章では、現存する資料から、金花堂・今井とともに高級和紙舗として栄えた江戸から明治前半にかけての榛原の姿に焦点をあてる。

註　四代目榛原直次郎『雁皮紙と玳舫』(私家版)、1926年

In the early years of the Bunka era (1804–18), three shops in the Nihonbashi area in Edo (Tokyo) —Haibara, Kinkado and Imai—were selling so-called "gampi paper." Made from the fiber of wild gampi plants (*Diplomorpha sikokiana*), this particular type of Japanese paper (washi) had already been produced in the Heian period, when it played an important role as high-quality paper for drafting or writing down waka poems. After the Sengoku era that followed, the production of gampi paper was temporarily discontinued, until the merchant Imai Handayu in Atami, Izu, began to manufacture the paper again toward the end of the 18th century. Production quantities gradually increased from there, and gampi paper became commonly available also in Edo.

As mentioned above, there were three shops in Edo that were dealing with gampi paper manufactured by Imai. In addition to Imai (Ganshodo) in Honcho 1-chome, these were Kinkado in Tori 4-chome and Haibara (Shugyokudo) in Yorozucho. The elaborately glossy paper made in Atami that they were offering, won the favor of many Edo citizens of refined taste, who found in the gampi paper their new material of choice replacing the kozo paper (made from mulberry bark) they had been using up to then. The growing demand from these circles triggered a significant increase in the consumption of gampi paper, and as the 4th-generation head of Haibara outlines in his essay, this paper became the bedrock among the Haibara shop's lineup.

The next noteworthy event in the history of Haibara in the Edo period was the appearance of Suharaya (real name "Nakamura") Sasuke. Formerly a disciple of Suharaya Mohei, a leading book wholesaler in the Edo period, Suharaya Sasuke first purchased Kinkado, and later also Haibara and Imai. While continuing to operate under their respective old names, Haibara, Kinkado and Imai now all belonged to the same owner. In addition to their bestselling gampi paper, the product range at the three shops included such high-quality types of washi paper as thick hosho paper, and karakami that is used for sliding doors, as well as miscellaneous so-called "komagami" items made of processed washi: sheets of colored paper, tanzaku strips, envelopes, rolled letter paper, etc. Next to the sales of such paper items, the shop's businesses also included the publication of books, and it is assumed that the shops were frequented by painters, writers and other Edo artists and literati who were either commissioned to create designs for products, or came for shopping purposes. Each of the three shops has built its own reputation as a specialized dealer of high-quality washi paper in the Edo period, and after going through the turbulent times of the Meiji Restoration, continued operations while being passed from one generation to the next.

Using existing documents and materials as reference, this chapter focuses on the situation of Haibara between the Edo period and the early Meiji period, when the shop flourished as a supplier of high-quality washi paper alongside Kinkado and Imai.

江戸から明治の榛原

HAIBARA
IN THE
EDO AND MEIJI
PERIODS

江戸から明治期における榛原と榛原直次郎

藤本敦美　元榛原資料調査担当学芸員

日本橋 榛原は文化3(1806)年創業の和紙舗である。江戸期にジンチョウゲ科の〈雁皮〉を原料とする高品質の和紙「雁皮紙」を中心に商い、幕末・明治期においては美しい木版摺を施した各種和紙製品で人気を博した。江戸から明治期の榛原について概観する。

『江戸買物独案内』(文政7〔1824〕年刊行)には「日本橋萬町　豆州熱海　今井半太夫製　雁皮紙問屋　聚玉堂　榛原千次郎」と記載がある。江戸期の榛原の主力製品は雁皮紙であり、熱海の今井半太夫製のものを扱っていた。

同雁皮紙は金花堂・今井でも商われた。金花堂は今井半太夫との親交から雁皮紙を江戸で売り出した紙問屋で、書物問屋も兼ねていた。また今井は雁皮紙製造元の今井半太夫が、のちに江戸本町に構えた店である。今井半太夫製の雁皮紙は特に緻密で光沢に富み、書き味もよいということで江戸で評判となった。

この榛原・今井・金花堂の3店は、須原屋(中村)佐助により強固に結びついた。佐助は金花堂を買い受けたのち、榛原、また今井をも続けて買い受け、その血縁者や親族を3店の責任者として、榛原の店は子の直次郎に任せた。直次郎は榛原直次郎を名乗るも、佐助死去後には金花堂に戻り二代目佐助を襲名。その後も二代目榛原直次郎死去時には二代目佐助(すなわち初代直次郎)の三男中村平三郎が三代目榛原直次郎を継ぎ、金花堂の店は長男が三代目を継承するなど親交は継続した。

江戸から明治期の3店の引札(広告)が残されている。「雁皮紙目録」と揃って銘打たれ、看板商品の五色の雁皮紙書簡箋(便箋)〈五雲箋〉はいずれの店の引札でも確認でき、共通する販売品目も多い。血縁と販売品目という二重の確固たる結びつきで榛原・金花堂・今井はつながり、ともに発展。四代目直次郎は、3店は店の名前こそ違うものの非常に親密な「連理の関係」にあったとも述べる。

上記の引札には筆記用の各種紙製品のほか、絵半切・千代紙・団扇・襖などさまざまに加工された紙製品が列記されている。摺物においては榛原では江戸期より文人墨客に原画を依頼、酒井抱一原画の木版摺団扇もあったという。特に柴田是真、河鍋暁斎と懇意であり、是真門下の各種摺物が多数残され、また河鍋暁斎原画による木版摺千代紙

1-b　帝国日本東京日本橋之図
Picture of Nihonbashi in Tokyo, Empire of Japan

も現存。品質の高さと精彩に富んだ意匠、また人気画家の摺物が店頭で手軽に入手できるという点から、筆記用紙と合わせて各種摺物もまた評判を呼んだ。榛原では封筒にも風雅な意匠の木版摺を施しており、西郷隆盛が藍一色摺で蘭竹の図案をあしらった榛原製封筒を用いて勝海舟に書簡を送っている。

こうした幕末・明治期の榛原を牽引したのが前述の三代目榛原直次郎である。是真宅に足繁く通い歓談し、また暁斎来訪時には酒を振る舞いもてなしたとの逸話が残る傑物であるが、文明開化期において画家や職人と契約を結び、並行して洋紙の輸入、洋紙工場の設置を試みるなど時機を見据えた事業を展開する。各種博覧会の出品もその一画であり、明治6(1873)年ウィーン万国博覧会において榛原は、襖紙・金砂子紙・表紙を出品(金花堂からは絵半切・短冊・千代紙等、今井からは雁皮紙を中心に五雲箋等を出品)。また国内においては明治10(1877)年の内国勧業博覧会で「紙諸製品」を出品し龍紋賞牌を受賞するなど、和紙の品質・加工において国内外で高い評価を得ており、この頃切手や葉書の製造も受注する。

また直次郎自身も美術工芸に造詣が深く、龍池会にも参加した。龍池会とは明治12(1879)年に有識者を中心に発足し、追って画家や実業家らが参加した美術団体であるが、これに直次郎は明治13年6月時点で入会しており、明治20年の日本美術協会改称後も継続して会員となっている。柴田是真の息子、真哉による『真哉日記』には是真らとともに直次郎が会に参加した旨が記され、その交流の深さと直次郎の立ち位置を知ることができる。

榛原にのこされたこの時期のさまざまな画家の摺物は直次郎との交誼の一端を示しており、単なる紙商としてではない榛原の在り方をうかがうことができる。

榛原の系譜
Haibara genealogy

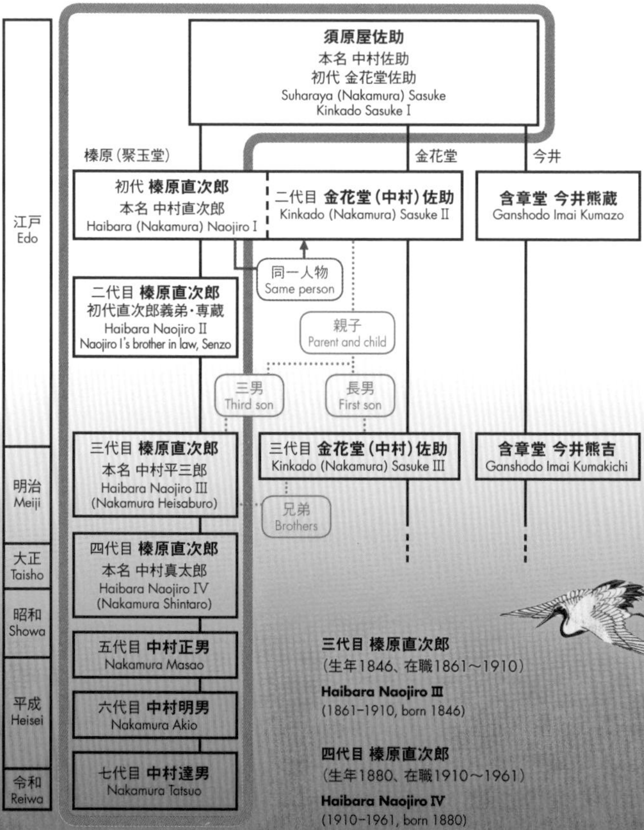

時代	榛原(聚玉堂)	金花堂	今井
江戸 Edo	**須原屋佐助** 本名 中村佐助 初代 金花堂佐助 Suharaya (Nakamura) Sasuke Kinkado Sasuke I		
	初代 **榛原直次郎** 本名 中村直次郎 Haibara (Nakamura) Naojiro I	二代目 **金花堂(中村)佐助** Kinkado (Nakamura) Sasuke II	**含章堂 今井熊蔵** Ganshodo Imai Kumazo
	二代目 **榛原直次郎** 初代直次郎義弟・専蔵 Haibara Naojiro II Naojiro I's brother in law, Senzo		
明治 Meiji	三代目 **榛原直次郎** 本名 中村平三郎 Haibara Naojiro III (Nakamura Heisaburo)	三代目 **金花堂(中村)佐助** Kinkado (Nakamura) Sasuke III	**含章堂 今井熊吉** Ganshodo Imai Kumakichi
大正 Taisho / 昭和 Showa	四代目 **榛原直次郎** 本名 中村真太郎 Haibara Naojiro IV (Nakamura Shintaro)		
昭和 Showa	五代目 **中村正男** Nakamura Masao		
平成 Heisei	六代目 **中村明男** Nakamura Akio		
令和 Reiwa	七代目 **中村達男** Nakamura Tatsuo		

初代榛原直次郎と二代目金花堂(中村)佐助：同一人物 Same person
二代目金花堂佐助と三代目榛原直次郎：親子 Parent and child／三男 Third son
二代目金花堂佐助と三代目金花堂佐助：親子 Parent and child／長男 First son
三代目榛原直次郎と三代目金花堂佐助：兄弟 Brothers

三代目 榛原直次郎
(生年1846、在職1861〜1910)

Haibara Naojiro III
(1861–1910, born 1846)

四代目 榛原直次郎
(生年1880、在職1910〜1961)

Haibara Naojiro IV
(1910–1961, born 1880)

榛原店舗写真(明治40年頃)
Haibara shopfront c. 1907

『東京商工博覧絵』より「榛原直次郎」(店舗外観図)
"Haibara Naojiro" from Illustrations of various stores and businesses in Tokyo

Haibara and **Haibara Naojiro** in the Edo and Meiji Eras

Fujimoto Atsumi
Formerly curator in charge of Haibara-related research

The Haibara, Imai and Kinkado shops were strongly tied together through the ownership of Suharaya (Nakamura) Sasuke. After buying up Kinkado, Sasuke also took over Haibara and Imai, and put relatives of each family in charge of the respective shop. In the case of Haibara, it was the young Haibara Naojiro, who after the death of Sasuke returned to Kinkado, and succeeded to his name as Sasuke II. Later, when the second-generation Haibara Naojiro died, Nakamura Heisaburo, the third son of Sasuke II (originally the first-generation Naojiro), became the third-generation Haibara Naojiro, while the first son took over Kinkado.

Existing hikifuda (handbills) from the Edo to Meiji eras are collected under the title "Catalogue of Gampi Paper," and as we understand from the three shops' hikifuda advertising the same five-colored letter paper that was their best-selling product at the time, some items were simultaneously sold at the Haibara, Imai and Kinkado shops.

In addition to various types of writing and drawing paper, the above-mentioned hikifuda were also listing processed paper products such as e-hangiri (half-size paper with pictorial stenciling), chiyogami (Japanese decorative paper), uchiwa (fans) and fusuma (paper sliding-doors). Regarding prints of paintings or drawings, Haibara was commissioning writers and painters from the Edo period to create original designs, and their range of products apparently included fans with woodblock-printed images by Sakai Hoitsu. The shop was maintaining particularly close relationships with Shibata Zeshin and Kawanabe Kyosai, and items from the time that still exist today include numerous sketches and prints by Zeshin's disciples, as well as chiyogami with woodblock-printed original designs by Kawanabe Kyosai. From the fact that the shops were casually offering vividly colored, high-quality designs, and also prints of works by popular painters, one can imagine that such printed items were just as popular as the writing/drawing paper that was sold there. At Haibara, envelopes were also printed with elegant designs, and Saigo Takamori used in fact Haibara-made envelopes with monochromatic indigo-colored prints of orchids and bamboo for his letters to Katsu Kaishu.

The driving force behind Haibara in the late Edo and Meiji eras was the aforementioned third-generation Haibara Naojiro. There exist anecdotes of his frequent visits to Zeshin's house for a chat, or how he treated Kyosai with sake when he came to see him at home. During the period of Westernization, he seized the opportunity to conclude contracts with artists and artisans, while at the same time importing Western paper types, and even building factories for making such paper. His endeavors at the time further included showing paper products at various exhibitions, such as the 1873 Vienna World's Fair, where Haibara presented paper for sliding doors, paper coated with gold dust, and covers (while Kinkado exhibited e-hangiri, tanzaku and chiyogami, and Imai showcased five-colored letter paper and other gampi paper items). In Japan, he received the Ryumon (Dragons) Medal for the "miscellaneous paper products" he presented at a national industrial fair in 1877, and the processing and quality of washi paper went on to win high acclaim both at home and abroad. Haibara also received orders to produce stamps and postcards at the time.

Haibara Naojiro himself had a profound knowledge of arts and crafts, and was a member of the Ryuchikai among others. The Ryuchikai was an artistic organization that was founded in 1879 around a core of experts, and that was later joined also by artists and businessmen. Naojiro joined in 1883, and remained a member after the organization was renamed "Japan Art Association" in 1887. Shibata Zeshin's son Shinsai mentions in his diary *Shinsai Nikki* that Naojiro was a member alongside the likes of Zeshin, and from his notes we can imagine the closeness of their relationship, as well as Naojiro's own position.

The miscellaneous existing art prints that artists made for Haibara at the time bear testimony to their friendship with Naojiro, and suggest that Haibara was much more than just a paper dealer.

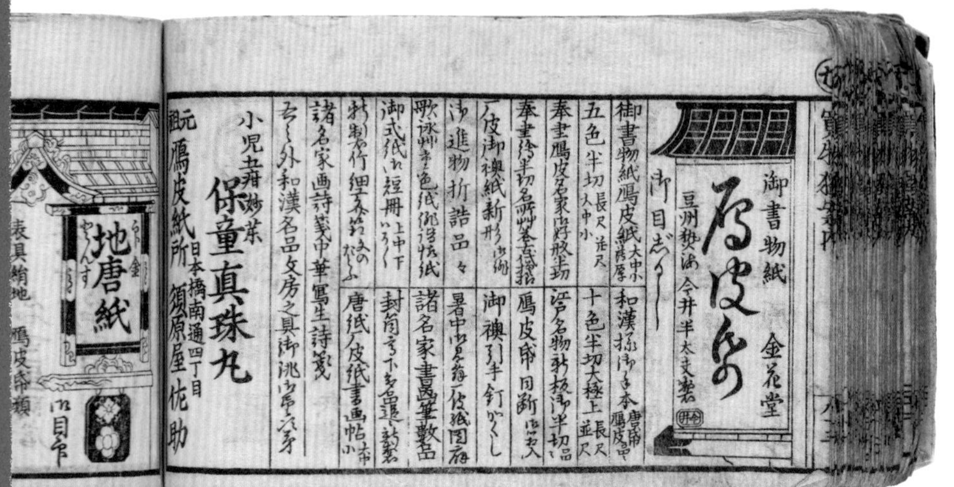

1-1

1-a

・1-1『江戸買物独案内 上』*Edo shopping guide*

『江戸買物独案内』は文政7(1824)年に大坂の版元、中川五郎左衛門が出版した江戸のガイドブック。各店が支払った出稿料に応じて掲載する面積が割り振られ、江戸の商店や飲食関連の店など約2,600店が業種別いろは順に掲載されている。「雁皮紙(問屋)」の項には、「雁皮紙問屋 日本橋萬町 豆州熱海今井半太夫製 聚玉堂 榛原千次郎」「雁皮紙 御書物紙 金花堂 豆州熱海今井半太夫製」の記載があり、後者は当時販売していた商品も紹介している。

1-2

• 1-a 五雲箋 Five-colored rolled paper

雁皮紙を扱う3店にとって、「五雲箋」は江戸時代以来の看板商品であった。文政7(1824)年『江戸買物独案内』(cat.1-1)の金花堂広告にはまだ「五雲箋」の名はないが、各店の引札(cat.1-2、1-7)をみると、冒頭に近い位置に「五雲箋」の文字が確認できる。90ヶ所以上の江戸名物を漢詩と挿絵で紹介したガイドブック『江戸名物詩』(天保7〔1836〕年刊行)には、「金花堂雁皮紙通四丁目」として「半切リ文筒短冊鮮 暑中団扇モ幾多ノ銭 金花堂上金花発 染メ出ス雁皮ノ五色箋」の詩が添えられており、江戸名物として広く知られた商品であった。現在榛原では5色の紙を貼り継いだ巻紙が「五雲箋」として販売されている。

• 1-2 引札「豆州熱海今井製雁皮紙目録」(聚玉堂 榛原直次郎)
Hikifuda: Catalogue of gampi paper issued by Shugyokudo Haibara Naojiro

引札は、今日の広告やちらしにあたるもので、その当時に販売されていた商品を知る貴重な手がかりである。「榛原直次郎」の名であることから、天保(1830～44)以後の江戸時代に発行された引札と推測される。雁皮製の書物紙や雁皮紙の半切、罫引本のほかに団扇や襖紙など、雁皮紙を用いたさまざまな商品が販売されていた。ほかにも千代紙や色紙短冊、御熨斗、書画帳画手本類、詩箋類、画きぬなど、当時の小間紙商の品揃えが伝わってくる。

• 1-3 絵巻紙貼込帖 Book of picture scrolls

榛原が過去に扱っていた絵巻紙やその掛紙などを綴った貼込帖。非常に華やかな加飾が施された絵巻紙163枚のほかに、河鍋暁斎が手がけた掛紙用の摺物も収録されている。

1-5

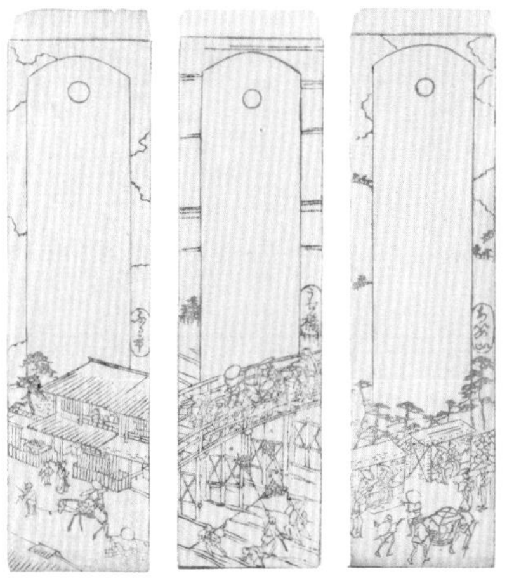

1-4

1-6

- 1-5 絵封筒 松 Illustrated envelope: Pine tree
- 1-4 絵封筒 伊勢（ふる市・宇治橋・あいの山）
  Illustrated envelopes: Famous places at Ise
- 1-6 酒井抱一 SAKAI Hoitsu 団扇 菊 Fan: Chrysanthemum

1-6｜ 江戸時代、榛原・金花堂・今井の3店では、酒井抱一や椿椿山、渡邊崋山など当時の有名な文人墨客に声を掛け、彼らが描いた絵を版にした団扇を製作していた。彼らが実際に描いた下絵などは震災などで失われたが（註）、受け継がれた図様を通して当時の様子をうかがうことができる。

註 国華倶楽部編『罹災美術品目録』（吉川忠志、1933年）によると、抱一雑画版下 百余枚、崋山団扇絵版下 数枚が関東大震災により全焼したことが報告されている。

MANUFACTURER & DEALER

OF

Note papers & Envelopes, Visiting cards, Open & Closed fans

Wall papers, Door handles,

AND

Various Kinds of Papers imported from Every country in the world.

NAOJIRO; HAIBARA.

No. 1, Tori Itchome. Nihonbashiku,

TOKYO.

• 1-8 和欧文引札(榛原直次郎)

Hikifuda: Catalogue of gampi paper in Japanese and English issued by Haibara Naojiro

変革期に榛原を継いだ三代目榛原直次郎は、明治に入ると洋紙(舶来紙)の輸入を開始し、国内外で開催される博覧会への出品を通して和紙製品の海外輸出を積極的に行った。江戸時代から扱っていた和風建築装飾に加えて洋風建築装飾も手がけるようになり、榛原の名は世界的にも知られるようになる。引札には、博覧会での輝かしい賞歴とともに江戸時代から引き継がれた商品や洋紙関連の商品名などが記載されている。

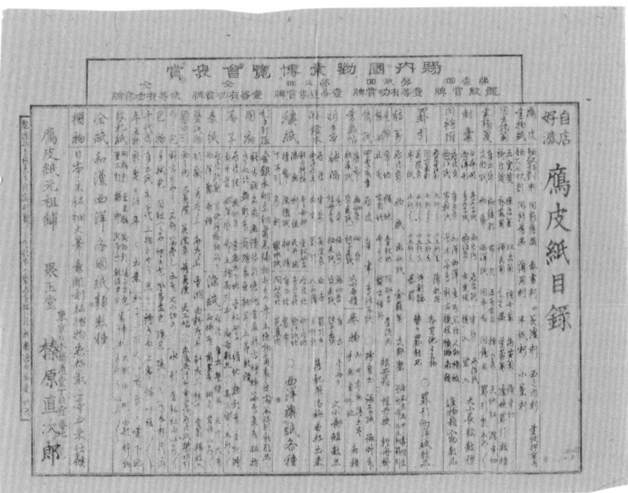

賜內國勸業博覽會褒賞

自店好漉

鴈皮紙目録

和漢西洋各國紙類数種

鴈皮紙元祖舗

聚玉堂 榛原直次郎

• 1-7 引札「雁皮紙目録」(聚玉堂 榛原直次郎)
Hikifuda: Catalogue of gampi paper issued by Shugyokudo Haibara Naojiro

• 1-9 檜扇 桜に鹿 Hinoki cypress fan: Cherry blossom with deer

◆◆◆

さまざまな模様を木版で色摺りした千代紙は、18世紀中頃に上方や京都で始まったとされる。明和期(1764～72)以降に江戸で多色木版摺の技術が発展したため生産の中心が江戸へ移り、絵草紙屋などの版元が浮世絵師に下絵を発注し、彫師・摺師との分業制で盛んに製作された。江戸期の榛原の引札(広告)をみると、上方製のものを「本千代紙」または「京千代紙」、江戸製を「東千代紙」と呼び区別していたことがわかる。

千代紙は、大奥をはじめ諸大名に仕える女中たちの衣裳箱や道具入の裏貼などに使用され、次第に町人にも広がった。色彩豊かでさまざまな模様を摺りだした千代紙は、錦絵と同じく軽量で都市の華やぎを伝える江戸土産としても人気があり、絵草紙屋や榛原のような和紙舗などで販売された。

明治期になると、榛原製の千代紙は万国博覧会などを通して世界に紹介され、日本を代表する伝統工芸品として積極的に海外へ輸出された。こうして海を渡った千代紙の一部は現在もパリ装飾美術館やケルヴィングローブ美術館といった海外の美術館・博物館で保管されており、当時の千代紙のデザインを知る上での貴重な資料となっている。

The tradition of chiyogami, variously colored/patterned woodcut-printed papers, is said to have its origins in Kyoto and the greater Kamigata region around the middle of the 18th century. In the so-called Meiwa era (1764–72), refined multi-colored woodblock printing techniques were developed in Edo (Tokyo), whereafter Edo became the new center of chiyogami production. The papers were mass-produced by engravers and woodblock printers, based on designs created by ukiyo-e artists on commission by the publishers of ezoshi (illustrated books) among others. From hikifuda (handbills) by Haibara or Kinkado from the Edo period, one understands that the type of paper that was made in the Kamigata region was called "Hon-chiyogami" or "Kyo-chiyogami," while the type produced in Edo has been referred to as "Azuma-chiyogami."

Chiyogami were originally used as lining for the clothes, tool cases and other items of maids who served the Daimyos or at the inner palace, but gradually gained popularity also among ordinary citizens. Illustrating the gaiety of city life in rich colors and diverse patterns, printed chiyogami, just like nishiki-e (ukiyo-e), were popular as lightweight souvenirs from Tokyo, where they were sold by ezoshi and paperware dealers such as Haibara.

In the Meiji period, Haibara-made chiyogami was introduced to worldwide audiences at such occasions as international expositions, and was subsequently exported rather aggressively as a representative Japanese traditional craft. This is how chiyogami became known around the world, and today, some types are still included in the collections of museums such as the Musée des arts décoratifs in Paris, or the Kelvingrove Art Gallery and Museum in Glasgow, as precious documents for visitors who want to marvel at original chiyogami designs.

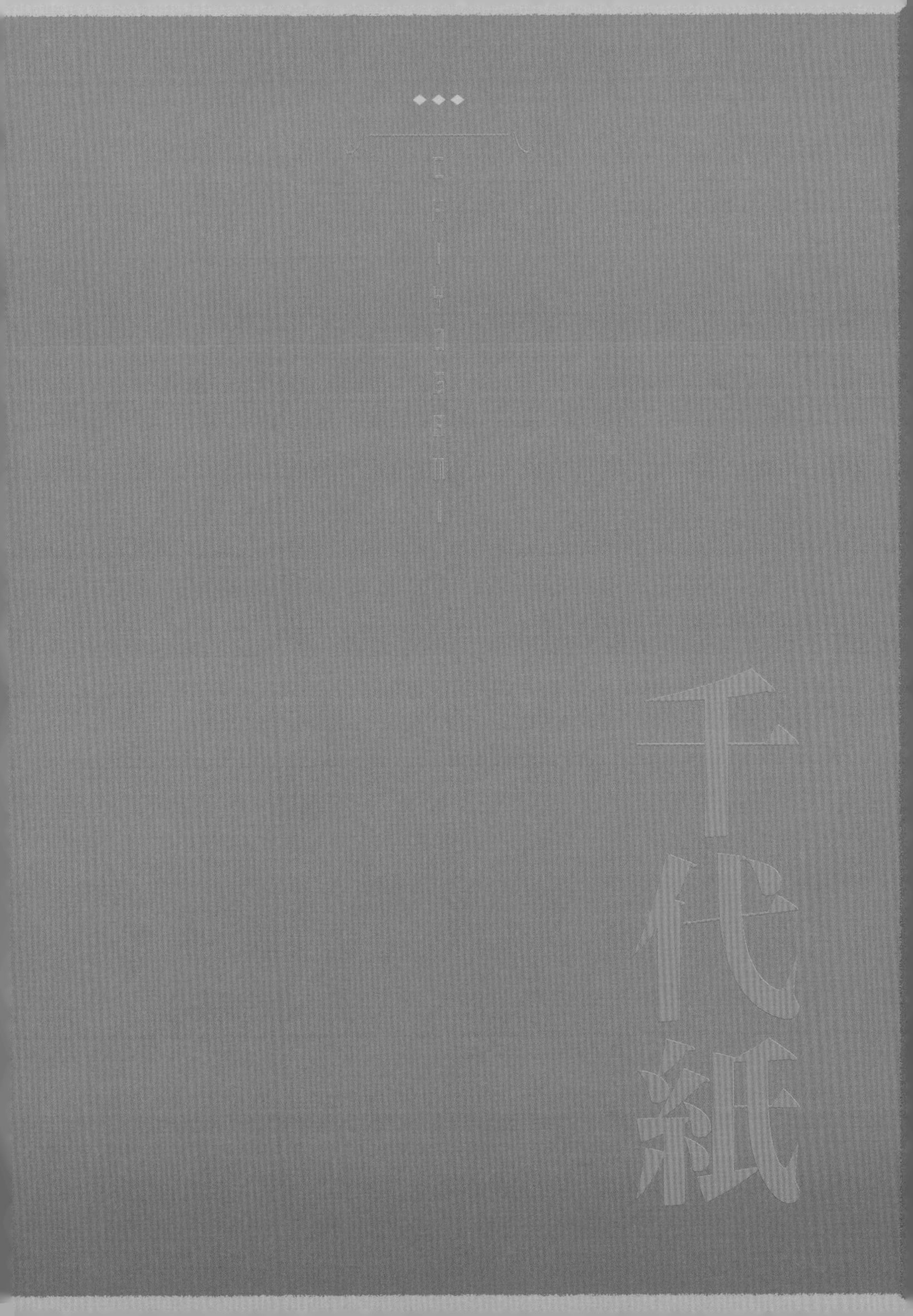
千代紙

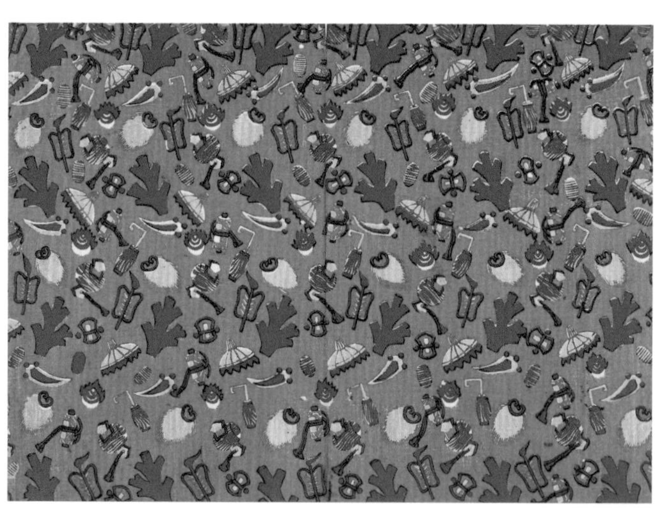

• 2-2 松竹梅 Pine trees, bamboo and plum blossoms

• 2-1 宝尽くし Miscellaneous treasures

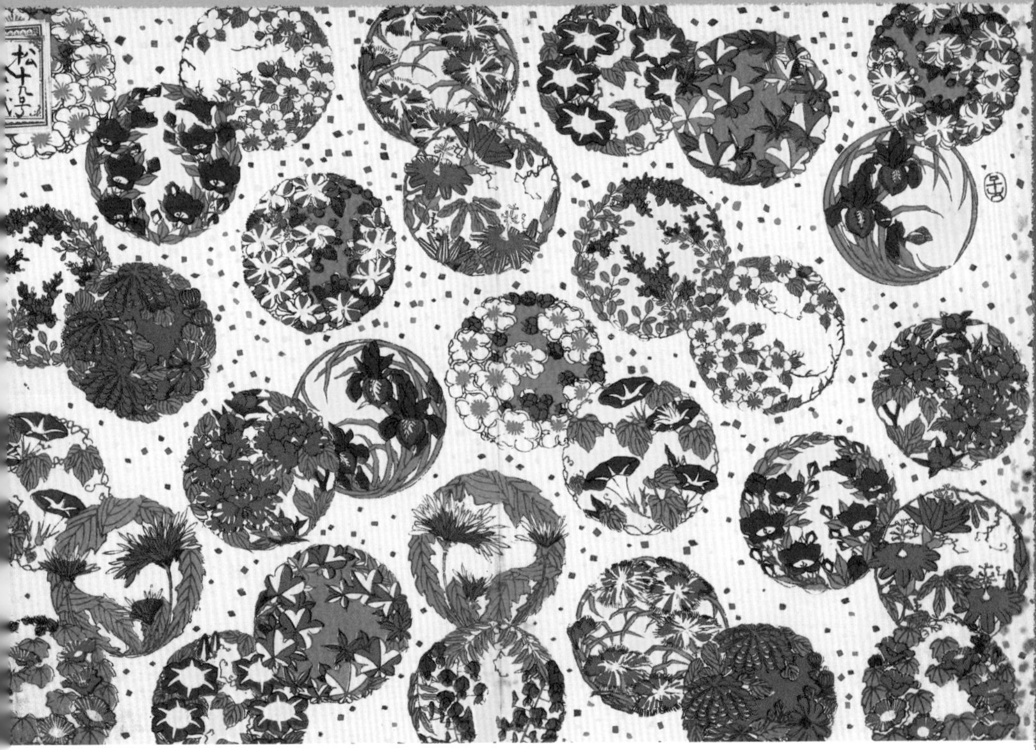

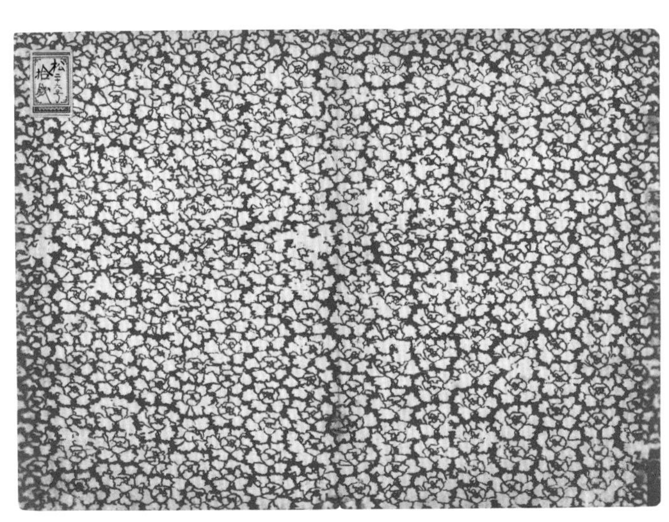

- 2-3 梶田半古 KAJITA Hanko 丸紋花尽くし Miscellaneous flowers
- 2-4 小牡丹 Small peonies

• 2-5 **松に鶴** Pine tree with cranes

パリの中でも多くの和紙を保管しているパリ装飾美術館では、かつて複数の東洋美術愛好家たちが収集した加工和紙を数多く収蔵している。これらのコレクションにはcat.2-5、2-14、2-18、2-22と同柄の千代紙なども確認されている(註)。

註　久米康生『和紙 多彩な用と美』玉川大学出版部、1998年

• 2-7 **雲鶴** Cranes in clouds

明治11〜12(1878〜79)年、欧州でジャポニスムへの関心が高まっていた時期、英国スコットランドのグラスゴーからの申し出により、日本との間で親善を目的とした物品交換が行われた。グラスゴーから日本へ工業製品など、日本から彼の地へは和紙製品を含む伝統工芸品が贈られ、この物品交換を機にスコットランドでも一般市民の間で日本への関心が広まっていった(註1)。それらの物品はのちにグラスゴーのケルヴィングローブ美術館に収蔵された。日本から贈られた千代紙94枚のうち60枚以上が榛原と金花堂で製作されたものであり、cat.2-7、2-17、2-18と同柄の千代紙などがケルヴィングローブ美術館でも確認されている(註2)。

註1　小野文子「グラスゴーと日本の物品交換とその背景について」『信州大学教育学部紀要』No.114、2005年

註2　久米康生『和紙 多彩な用と美』玉川大学出版部、1998年／大柳久栄「スコットランドに渡った千代紙調査報告」『暁斎』第103号、2010年

廿八号
拾五銭

- 2-6 朝顔 Morning-glories
- 2-8 花菱 Flower and diamond pattern
- 2-9 花蜀江 Flower and shokko pattern

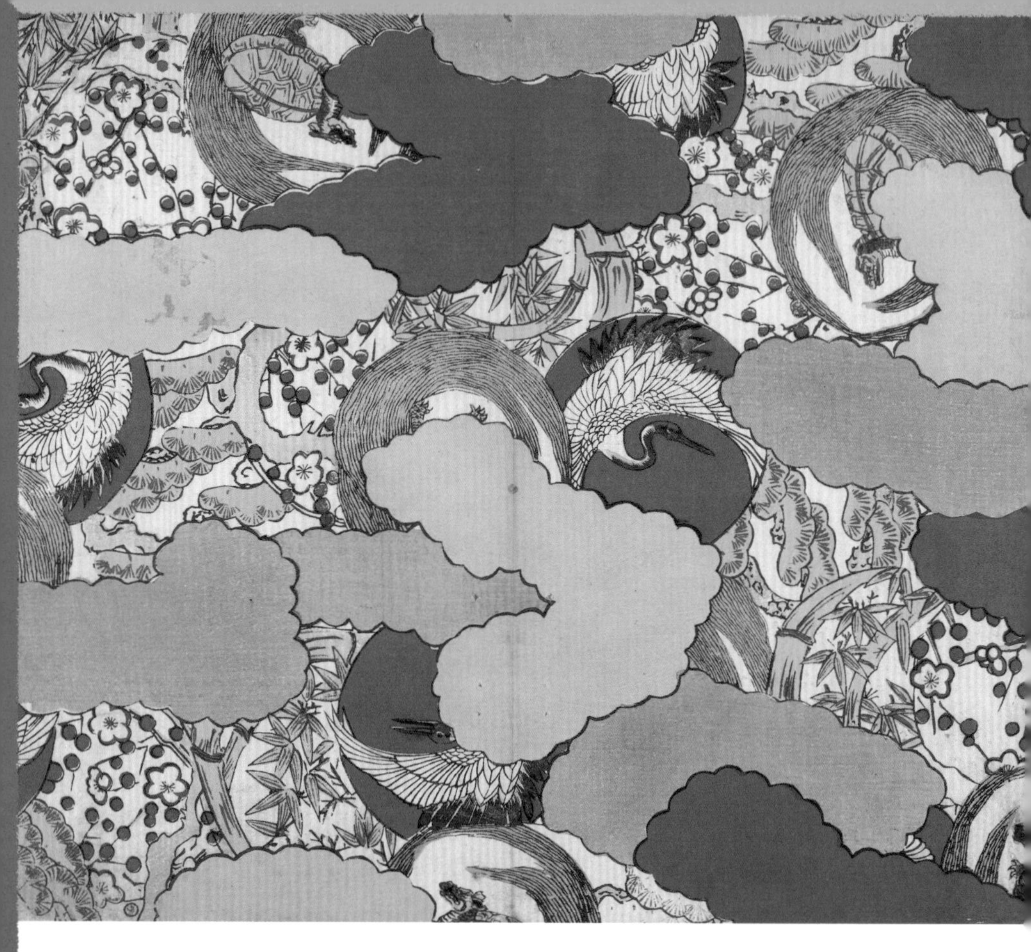

• 2-10 鶴亀松竹梅に雲 Cranes, turtles, pine trees, bamboo, plum blossoms and clouds

• 2-11 色硝子 Colored glass

2-11｜ 菱型は、古くは縄文土器に遡ってみられる文様であり、水面に浮かぶ菱の葉にちなんで名付けられた。古代から現代にいたるまでさまざまなバリエーションが生み出され、本作も幾何学的な組み合わせにより大胆かつモダンなデザインとなっている。榛原の店舗(2015年〜)の外装にも使用されており、榛原を象徴するデザインとして親しまれている。

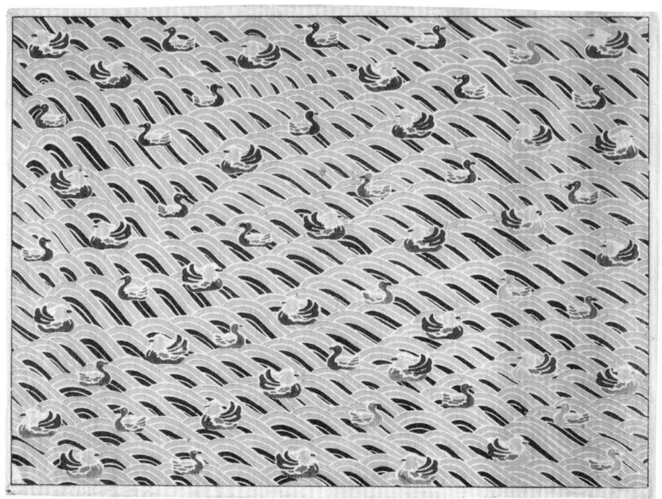

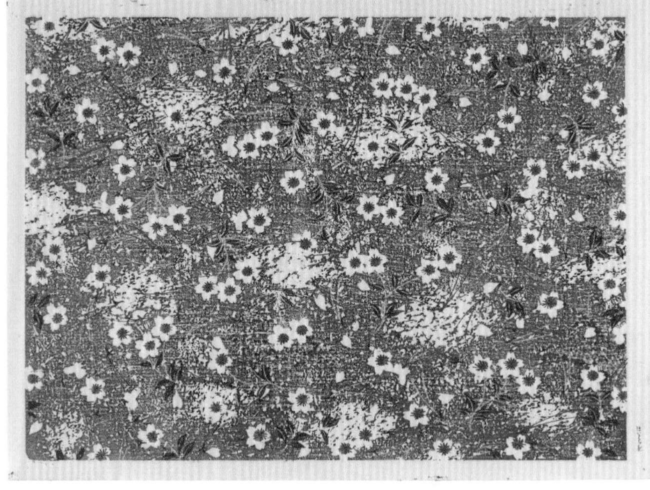

- 2-12 波に鴛鴦 Mandarin ducks and waves
- 2-33 桜と松葉 Cherry blossoms and pine needles
- 2-14 河鍋暁斎 KAWANABE Kyosai 桜と楓 Cherry blossoms and maple leaves

2-14｜ 幕末から明治にかけて活躍した河鍋暁斎は、本画や版画制作のほかにも多岐にわたる分野でその才能を発揮し、多くの仕事を手がけた。暁斎と深い交流があった榛原・金花堂・今井の3店では、千代紙だけでなく掛紙や団扇絵ほかさまざまな仕事を依頼している。大胆な色彩と画面一杯に菊や牡丹の花弁を描いた作品（cat.2-17、2-18）は、四方に模様がつながるように工夫され、迫力のあるデザインになっている。

- 2-15 河鍋暁斎 KAWANABE Kyosai 桜と楓 Cherry blossoms and maple leaves
- 2-16 河鍋暁斎 KAWANABE Kyosai 牡丹 Peonies

• 2·17 河鍋暁斎 KAWANABE Kyosai 菊花 Chrysanthemums

• 2-20 河鍋暁斎 KAWANABE Kyosai 牡丹尽くし Plethora of peonies

• 2-19 河鍋暁斎 KAWANABE Kyosai 菊花尽くし Plethora of chrysanthemums

• 2·18 河鍋暁斎 KAWANABE Kyosai 牡丹 Peonies

- 2-21 河鍋暁斎 KAWANABE Kyosai 重陽 Choyo (chrysanthemums)
- 2-37 河鍋暁斎 KAWANABE Kyosai 紅葉尽くし Plethora of autumn leaves

2-21｜菊は、奈良時代に薬草として中国から渡来した植物であり、鑑賞用の菊花が人々の暮らしに浸透したのは江戸時代以降であった。19世紀半ばに日本から西洋に紹介された菊花は、19世紀後半に流行したジャポニスムを背景にして人気が高まり、日本を象徴する花としてイメージが形成された。9月9日の重陽の節句には、菊を鑑賞して菊酒を飲み、長寿を願う風習がある。

• 2-22 綾岡有真 AYAOKA Yushin 笹桐 寿帯鳥 Bamboo grass, paulownia and long-tailed cock

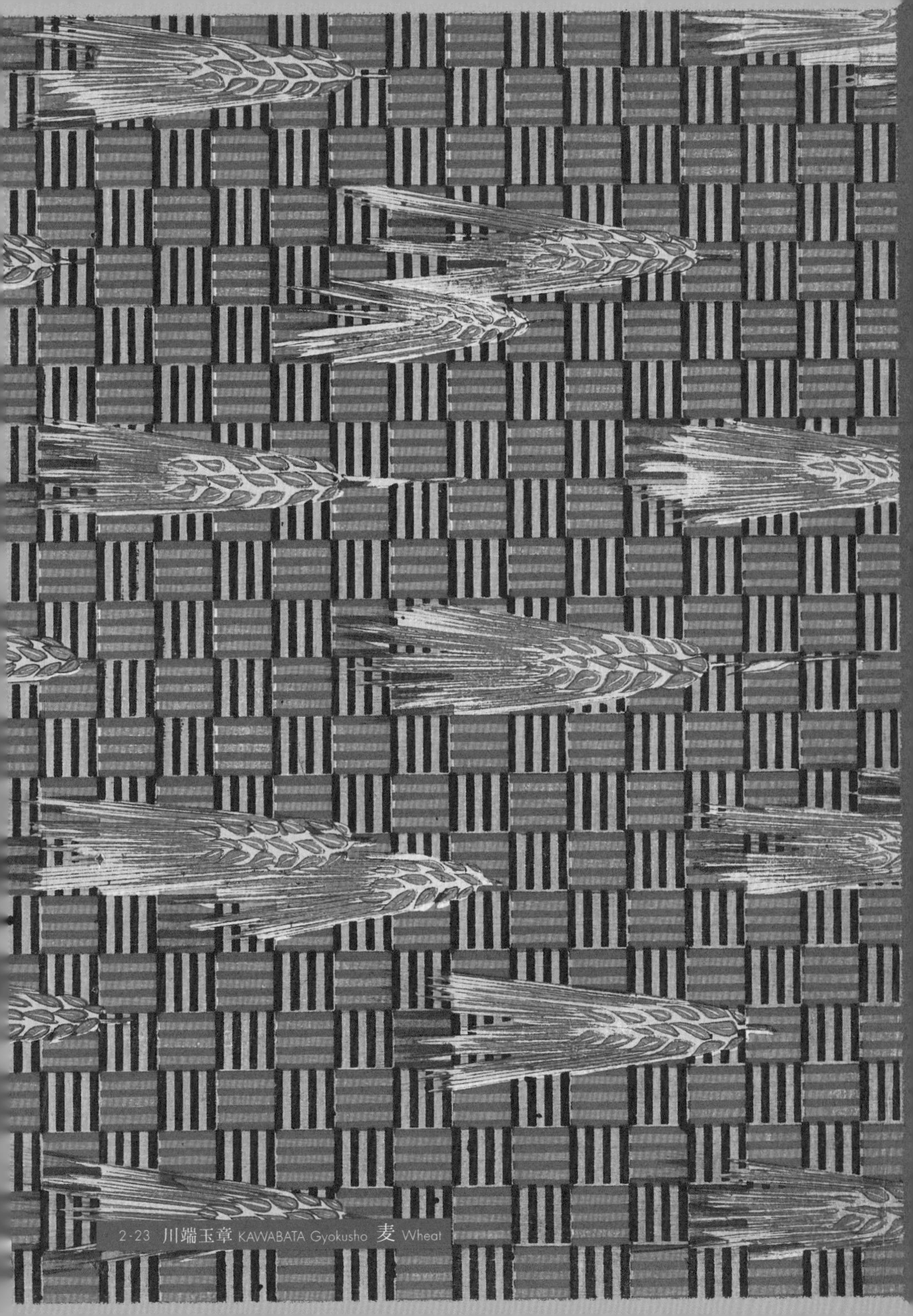

2-23 川端玉章 KAWABATA Gyokusho 麦 Wheat

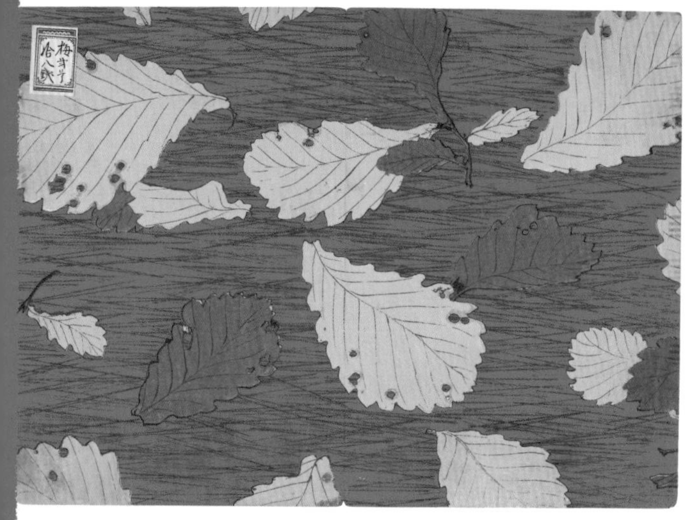

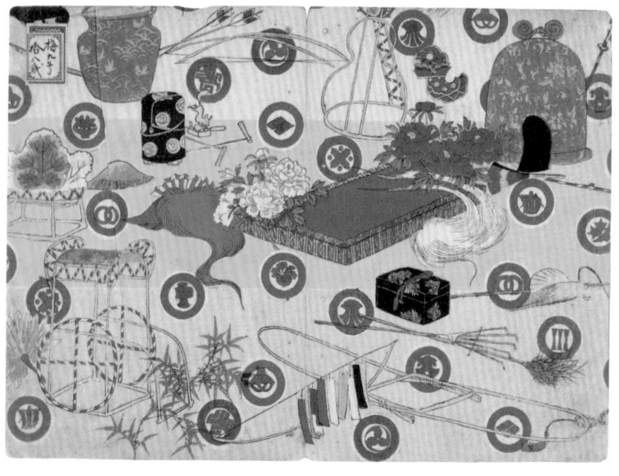

- 2-24 川端玉章 KAWABATA Gyokusho 柏に松葉 Oak and pine needles
- 2-31 川端玉章 KAWABATA Gyokusho 能尽くし Miscellaneous Noh accessories
- 2-27 川端玉章 KAWABATA Gyokusho 蕗 Petasites

2-23〜32｜ 明治38(1905)年、榛原では日本画の大家である川端玉章に依頼して千代紙10種の新版を発売した(註)。それらは、《貝合わせ》《四君子》といった古典的なモチーフから《柏に松葉》にみられるモダンなデザインまで幅広く、いずれも摺りを重ねた贅沢な作品となっている。《能尽くし》は、能の舞台で使われる小道具をモチーフにした作品であり、関連する能の演目を読み解く愉しさと教育的な要素が含まれている。《紅葉尽くし》は漢字をモチーフに使用しており、江戸初期の小袖を思わせる大胆で華やかな千代紙である。玉章は千代紙のほかにも、団扇絵や絵暦、絵短冊などさまざまな榛原の仕事を手がけている。

註 『技芸之友』3号、国工社、1905年12月

• 2-26 川端玉章 KAWABATA Gyokusho 紅葉尽くし Plethora of autumn leaves

• 2-28 川端玉章 KAWABATA Gyokusho 貝合わせ Seashells for matching game

- 2-29 川端玉章 KAWABATA Gyokusho 陣幕に桜と楓 Camp enclosure curtain with cherry blossoms and maples
- 2-30 川端玉章 KAWABATA Gyokusho 模様合わせ Pattern designs for matching game
- 2-32 川端玉章 KAWABATA Gyokusho 銀杏 Gingko

• 2-25 川端玉章 KAWABATA Gyokusho 四君子 The four classic plants (orchid, chrysanthemum, plum, bamboo)

• 2-13 松竹に藤 Pine trees, bamboo and wisteria

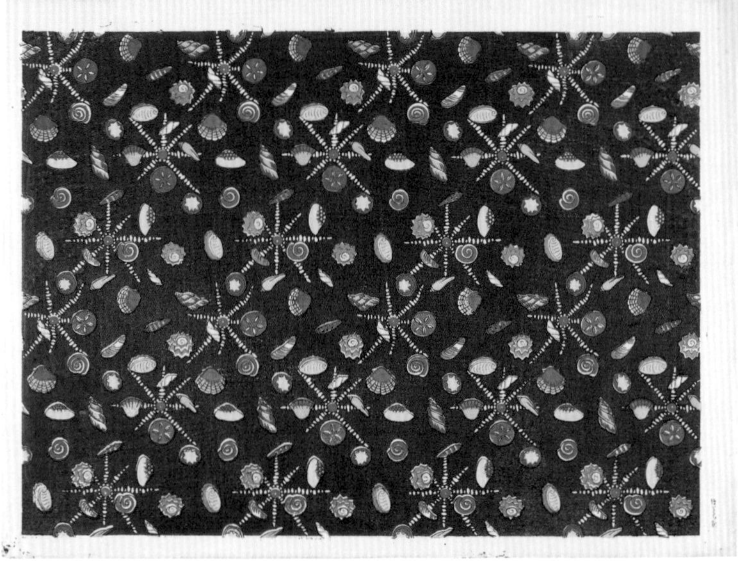

- 2-34 貝尽くし Miscellaneous shellfishes
- 2-35 梅 Plum blossoms
- 2-38 汐汲み Tools for drawing sea water

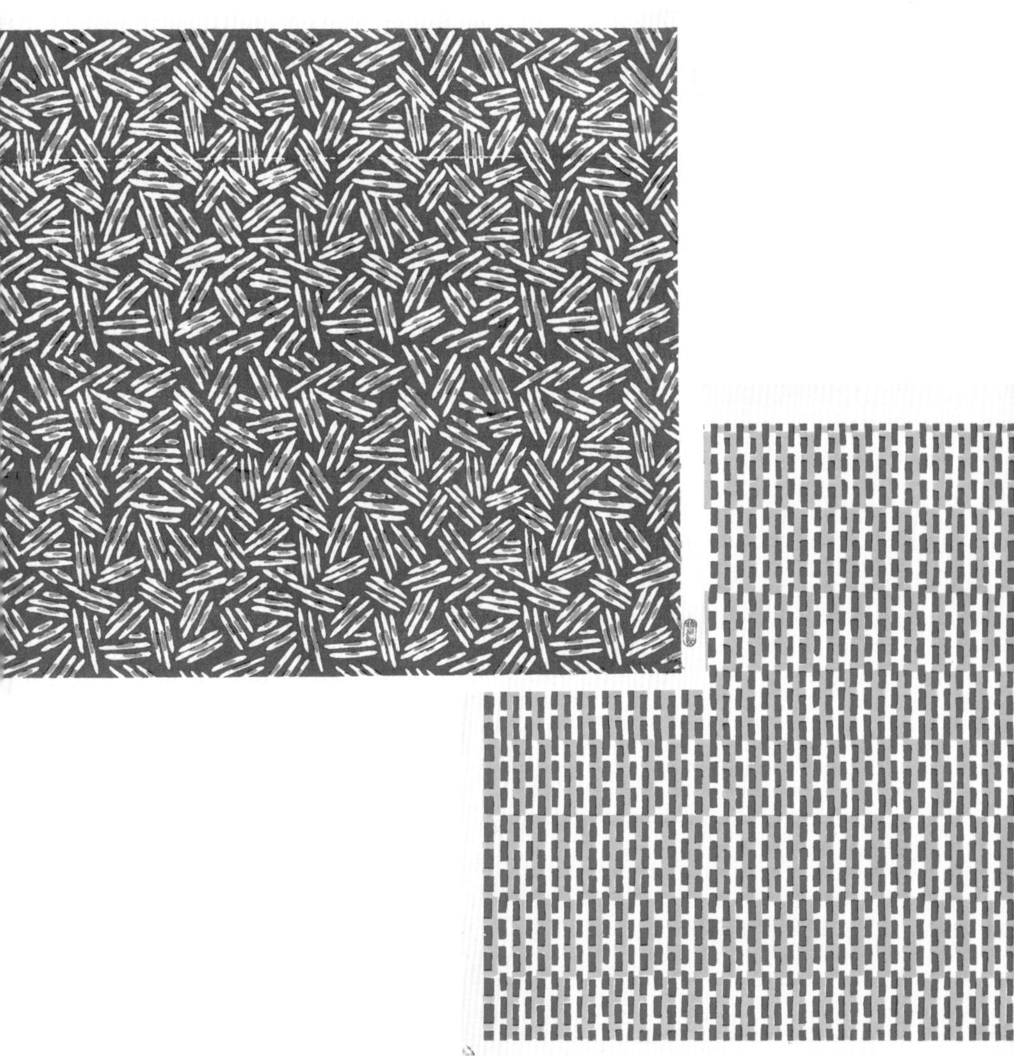

• 2-39 竹久夢二 TAKEHISA Yumeji 山みち Mountain paths

• 2-36 杼 Shuttle pattern

• 2-40 組木 Pattern of assembled trees

cat.2-36は機織りに用いる杼(シャトル)をモチーフにしたデザイン。cat.2-39《山みち》は夢二によるデザインを基にした千代紙。伝統的な山路紋を下敷きにしながら、あえて手描きのような素朴さを残すことで、古来の文様にはない自由で心地よい色彩のリズムを感じさせている。

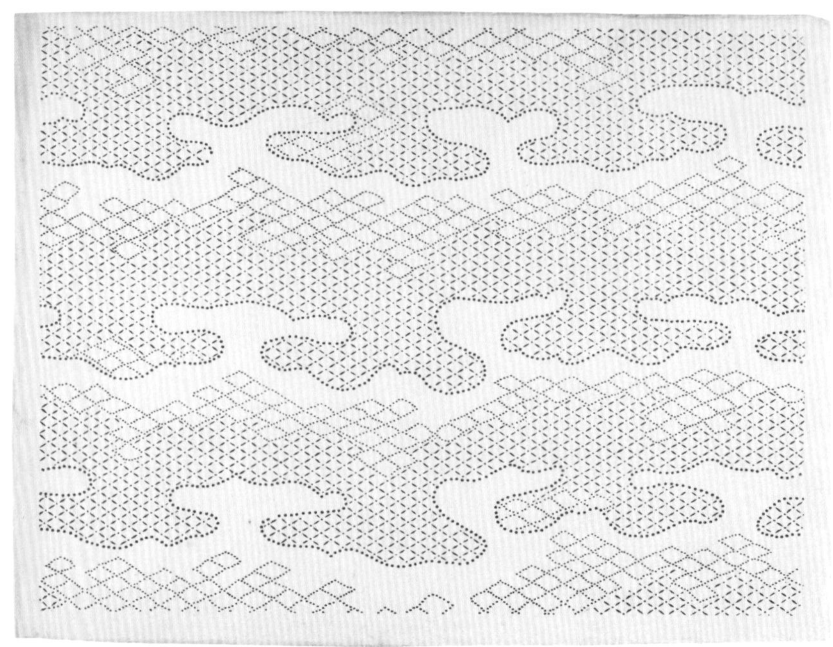

• 2-41　洲浜 Sandbanks

• 2-42　八重菊 Yaegiku (chrysanthemums)

2-41｜ 永井荷風が執筆した長編小説『腕くらべ』初版本の装幀に近いデザインの千代紙。荷風は榛原の商品を愛用したことで知られ、大正6(1917)年9月から始めた日記『断腸亭日乗』にも榛原製の雁皮紙罫引帳面を使用している期間がある。荷風は四季折々に榛原に訪れたことを細筆で『断腸亭日乗』に綴っている。

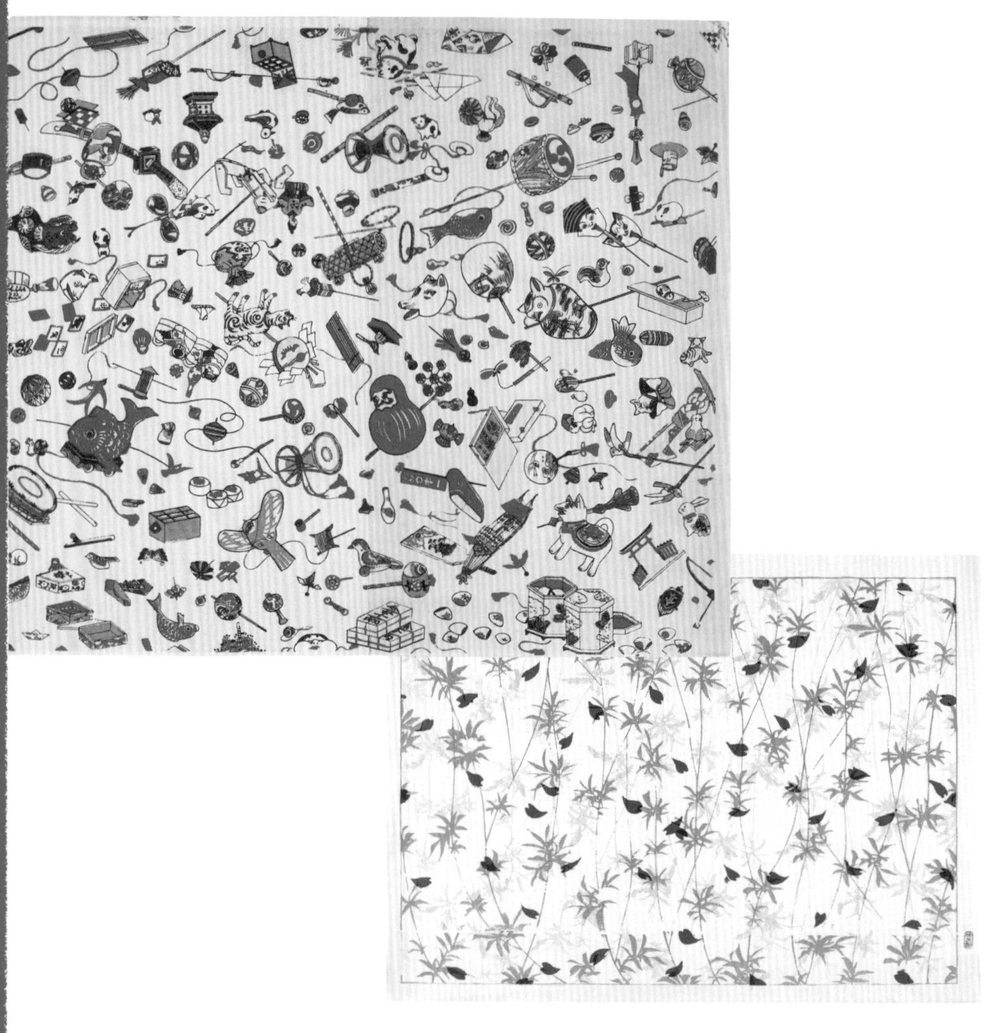

• 2-43 玩具尽くし Miscellaneous toys

• 2-44 矢車草 Cornflowers

• 2-45 利休紙風(植物模様) Rikyu-shi style (plant pattern)

2-45｜本作品は、千代紙ではなく襖などに用いられた装飾紙の一種と思われる。凹凸があるようにみえる立体的な植物模様が特徴である。実用品であった紙製品の多くは、残された資料と当時の記録とが結びついていないものが多数あり、今後の調査と研究が待たれる。

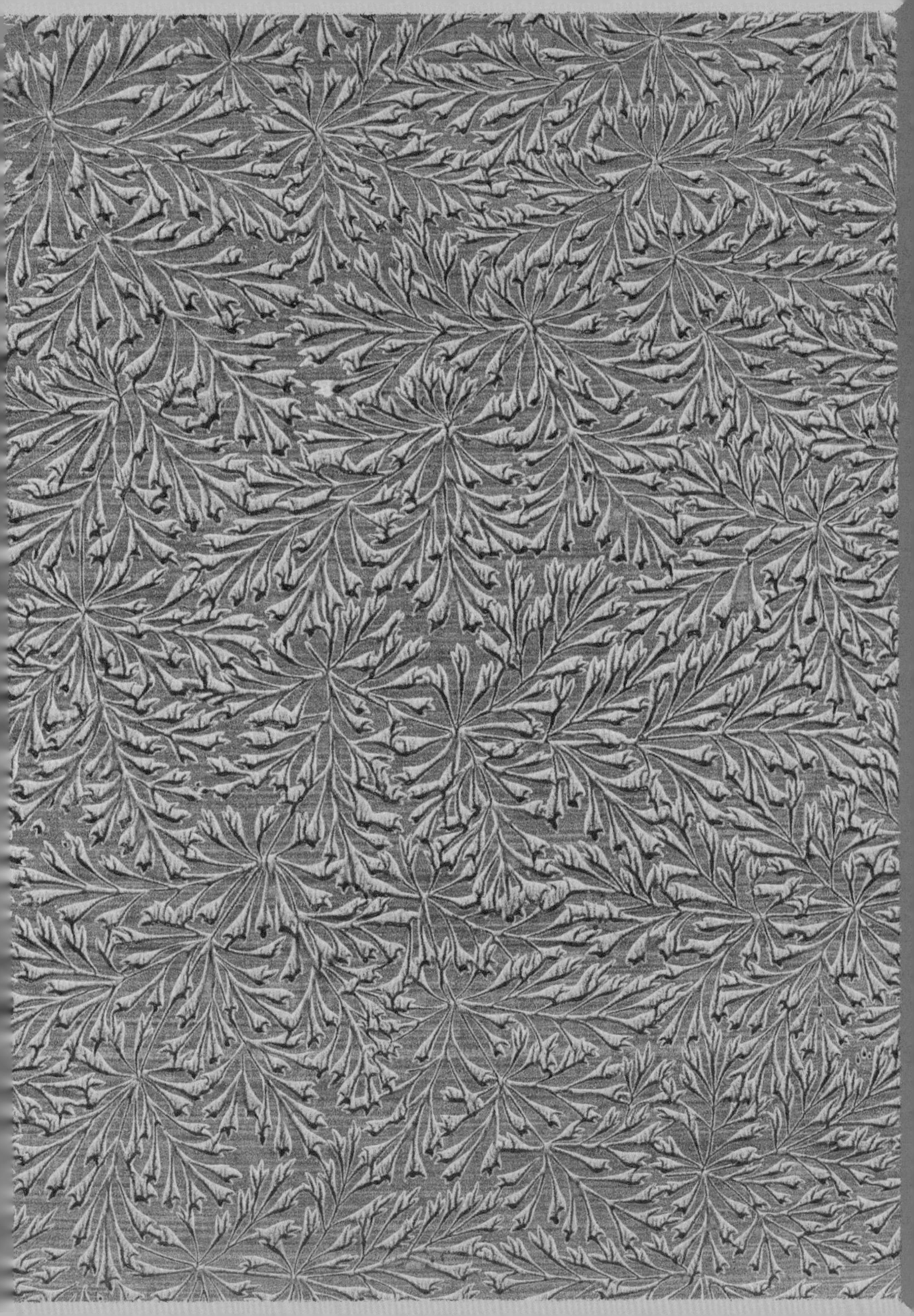

◆◆◆

榛原では明治27(1894)年頃から著名な画家に画稿を依頼し、「十二ヶ月絵短冊」(木版画)を毎年新たに製作販売している。初回から3年続けて庄司竹真が揮毫し、続けて川端玉章、綾岡有真など当初は三代目榛原直次郎と関わりが深い画家たちが筆を執った。その後は官展で活躍する画家たちに下図を依頼し、この一連の商品は現存する資料では大正7(1918)年の25回まで継続したと考えられる。

榛原の木版印刷部が摺りだしたこれらの絵短冊は、直筆と見紛うほど表現に奥行きがあり、特製紙箱入りの絵短冊12点と紙製短冊掛の一揃えで販売された。大正5年頃に配布された「はいばら」ミニノートに掲載された広告文では、これらの絵短冊は御床飾り用あるいは「現代日本絵の参考品として」用いられることが想定されていたようである。

Around 1894, Haibara began to commission well-known painters to create original designs for their annual sets of woodblock prints distributed under the title "Junikagetsu etanzaku (Scenes of the twelve months)." In the first three years, the art was consecutively provided by Shoji Chikushin, and after that, by Kawabata Gyokusho, Ayaoka Yushin, and other painters with rather close relations to Haibara Naojiro III. Later on, designs were commissioned to artists that were active in government-sponsored exhibitions, and according to existing documents, production of these continued up to Vol. 25 in 1918.

Printed at Haibara's own woodblock printing department, the depictions in these etanzaku (illustrated paper strips) have so much depth that they look almost hand-painted. They were sold in sets of twelve, contained in specially made paper boxes, and with hooks made of paper as well. According to the advertising text in the "Haibara mini notebooks" that were distributed around 1916, these etanzaku were assumed to be used for display in tokonoma (alcoves in traditional houses), or for "reference for modern Japanese-style painting."

絵短冊

四季のうつろいと和紙

WASHI AND THE FOUR SEASONS

TANZAKU

(PAPER STRIPS)

• 3-1　久保田米斎 KUBOTA Beisai　十二ヶ月絵短冊 Scenes of the twelve months

久保田米斎は画壇で活躍する傍ら松竹合名会社に入社し、明治末期から昭和初期まで舞台装置家として活躍するなど多才な画家であった。晩年は故実研究に取り組むなど時代風俗への関心が高く、絵短冊の題材にもそうした要素が取り入れられている。付属の箱裏に記載されていた画題は以下のとおり。1月朝の御神事、2月紀元節、3月室町時代の雛、4月花の宴、5月卯花縅、6月薫風、7月潮浴ひ、8月川ひらき、9月野邊の錦、10月茸狩、11月天長節、12月歳の市。

• 3-2 榊原紫峰 SAKAKIBARA Shiho 十二ヶ月絵短冊 Scenes of the twelve months

• 3-3 長野草風 NAGANO Sohu 十二ヶ月絵短冊 Scenes of the twelve months

• 3-4 川端龍子 KAWABATA Ryushi 十二ヶ月絵短冊 Scenes of the twelve months

川端龍子は、従来の日本画の概念を超えた巨大な画面とスピード感溢れるダイナミックな筆致で知られた画家だが、日本画に転向した早い時期に榛原の絵短冊を手がけている。販売された時期の記録はないが、署名と渦巻き型のサインから院展に初入選した大正4～7(1915～18)年頃までの製作と推測される(註)。

註　製作年については大田区立龍子記念館の木村拓也学芸員からご教示をいただいた。

• 3-5 田中頼璋 TANAKA Raisho 第二十三編 十二ヶ月絵短冊 Scenes of the twelve months, Vol. 23

• 3-6 結城素明 YUKI Somei 第二十五編 十二ヶ月絵短冊 Scenes of the twelve months, Vol. 25

明治27(1894)年頃から製作された「十二ヶ月絵短冊」のシリーズ25作目の作品。結城素明は本作に先がけた大正5～6(1916～17)年に文展において連続して特選を受賞しており、東京美術学校の教授として充実した時期の作品。画題は1月福寿草、2月大根の花、3月梨花、4月山吹の花、5月若楓、6月蚊帳釣草(かやつりぐさ)、7月茄子、8月蕣(あさがお)、9月白粉の花、10月柿の実、11月枇杷花、12月蕪。

◆◆◆

日本では明治5(1872)年12月3日から新たに太陽暦(新暦)を採用しており、それより以前は月の満ち欠けを基準にした太陰暦(旧暦)を使用していた。後者では、毎年大小の月(大の月は30日、小の月は29日)の配置が変わるため、当時の人々はその年ごとの暦を携帯し確認する習慣があった。「大小暦(または大小)」とは、こうした月の大小の順序のみを記した摺物や、それらを巧みに図様化した一枚絵の名称である。江戸時代、暦の販売は幕府によって厳しく管理され一般での販売は禁止されていたため、私的な配り物や年末年始の挨拶の際に渡す贈答品などに用いられた。新暦採用とほぼ同時期に、神武天皇即位を紀元とする皇紀(元年は西暦前660年)も制定され、戦前・戦中は元号とともに皇紀が用いられた。

榛原・金花堂でも、江戸時代から画家たちに依頼してそれぞれ趣向を凝らした大小暦を作成し配布していたと考えられる。明治期に摺られた柴田是真、川端玉章をはじめ当時活躍した画家たちが手がけた「略暦」(cat.3-9、3-10、6-16、6-17)は、江戸時代の年の瀬に人々が交わした大小暦の姿を彷彿とさせる。現存する資料から明治20年代〜昭和初期にかけて製作されたと思われる小型の略暦(途中から「紀元よし」の名称がつけられる。cat.3-7、3-8)は、高度な木版摺の技術で色鮮やかな色彩や大胆な絵柄が描かれており、懐中から取り出した際に人々の目を愉しませたであろう。

The new (solar) calendar was introduced in Japan on December 3, 1872, replacing the old (lunar) one that was based on the phases of the moon. In the latter, every year was divided into "dai (long)" and "sho (short)" months ("dai" having 30 days, "sho" 29), and in order to be able to check the current year's distribution of the two types of months, people at the time were always carrying calendars with them. Daishoreki (or just "daisho") were either calendars where the "dai" and "sho" months of the respective year were simply listed in order, or they were presented as skillfully illustrated pictures. In the Edo period, the distribution of calendars was strictly controlled by the shogunate government, and as sales among general citizens were prohibited, calendars were usually included as presents when exchanging seasonal greetings or personal gifts. Installed roughly concurrently with the introduction of the solar calendar, was the system of imperial eras, starting with the enthronement of the Emperor Jinmu in 660 B.C. Before and during the war, era names were indicated alongside the respective reigning emperor's name.

Both Haibara and Kinkado are thought to have produced and distributed daishoreki which they had commissioned painters to illustrate according to their own ideas since the Edo period. The ryakureki ("abbreviated calendar"; cat. 3-9, 3-10, 6-16, 6-17) with illustrations by Shibata Zeshin, Kawabata Gyokusho and other artists du jour, which were printed in the Meiji period, were reminiscent of the daishoreki that people used to exchange at the end of the year in the Edo period. This compact calendar (later named "Kigenyoshi"; cat. 3-7, 3-8) that, based on existing documents, is said to have been produced between the late Meiji and early Showa period, featured boldly colorful designs printed using advanced technologies, which certainly caught people's attention the moment the calendars were pulled out of the pocket.

大小暦

四季のうつろいと和紙

WASHI AND
THE FOUR SEASONS
DAISHOREKI
(CALENDARS)

- 3-7 柴田是真 SHIBATA Zeshin 紀元よし 明治廿三庚寅年略暦 Kigenyoshi, daishoreki calendar of 1890
- 3-8 柴田真哉 SHIBATA Shinsai 紀元よし 明治廿五壬辰年略暦 Kigenyoshi, daishoreki calendar of 1892

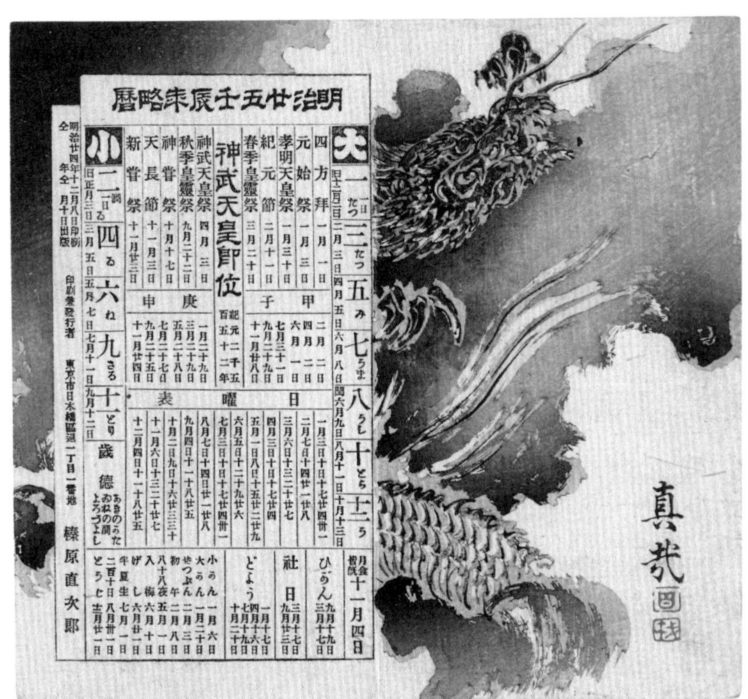

明治廿五壬辰略暦

大　一 一日たつ 旧十二月三日　三 たつ 二月三日　五 み 四月五日　七 うま 六月八日　八 うし 閏六月九日　十 とら 八月十一日　十二 う 十月十三日

四方拝 一月一日
元始祭 一月三日
孝明天皇祭 一月三十日
紀元節 二月十一日
春季皇霊祭 三月二十日
神武天皇即位 紀元二千五百五十二年
神武天皇祭 四月三日
秋季皇霊祭 九月二十二日
神嘗祭 十月十七日
天長節 十一月三日
新嘗祭 十一月廿三日

甲子　二月二日　四月二日　六月一日　七月三十一日　九月二十九日　十一月廿八日

庚申　一月二十九日　三月二十九日　五月二十八日　七月二十七日　九月二十五日　十一月廿四日

日曜表
一月三日十日十七廿四卅一
二月七日十四廿一廿八
三月六日十三二十廿七
四月三日十日十七廿四
五月一日八日十五廿二廿九
六月五日十二十九廿六
七月三日十日十七廿四卅一
八月七日十四日廿一廿八
九月四日十一十八廿五
十月二日九日十六廿三三十
十一月六日十三二十廿七
十二月四日十一十八廿五

小　二 一日ゐ 旧正月三日　四 ゐ 三月五日　六 ね 五月七日　九 さる 七月十一日　十一 とり 九月十二日

歳徳 あきのかた ゐねの間 よろづよし

月食皆既 十一月四日
ひがん 三月十七日 九月十九日
社日 三月十七日 九月廿三日
どよう 一月十七日 四月十六日 七月十九日 十月二十日
小かん 一月六日
大かん 一月二十日
せつぶん 二月三日
初午 二月八日
八十八夜 五月一日
入梅 六月十日
げし 六月廿一日
半夏生 七月一日
二百十日 八月卅一日
とうじ 十二月廿一日

明治廿四年十二月八日印刷
全 年全 月十日出版
印刷兼発行者 東京市日本橋區通一丁目一番地 榛原直次郎

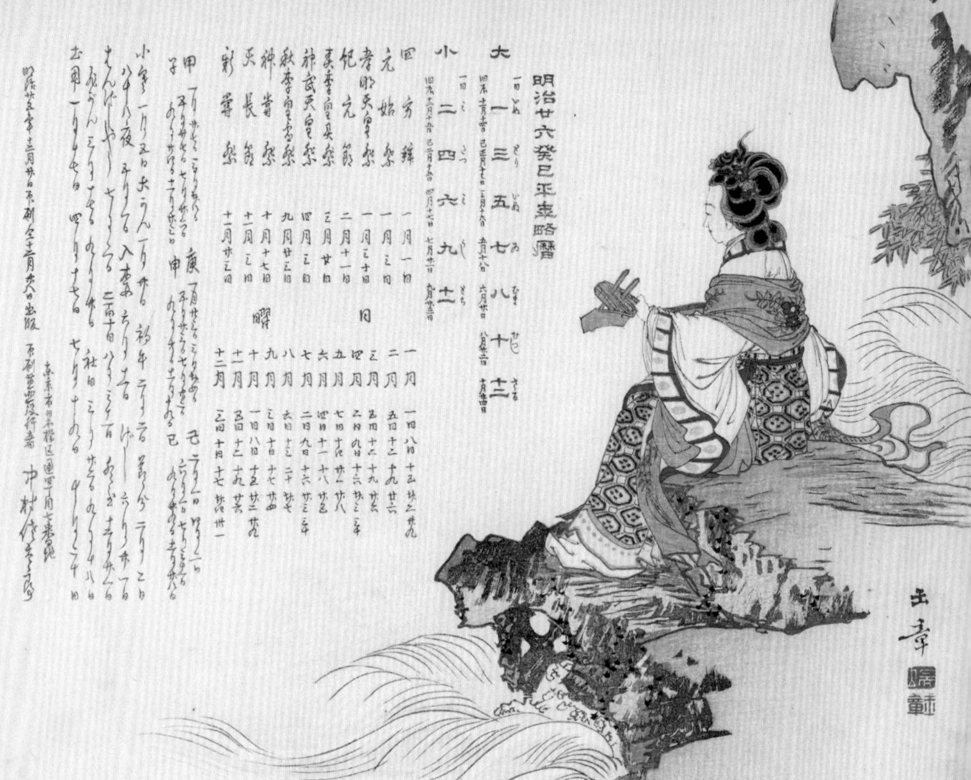

- 3-9 川端玉章 KAWABATA Gyokusho 明治廿六癸巳平年略暦 Daishoreki calendar of 1893
- 3-10 綾岡有真 AYAOKA Yushin 大正二癸丑年略暦 Daishoreki calendar of 1913

神武天皇即位紀元二千五百七十三年大正二癸丑年略暦
大 一 三 五 七 八 十 十二
小 二 四 六 九 十一
四方拝 一月一日
元始祭 一月三日
紀元節 二月十一日
春季皇霊祭 三月廿一日
神武天皇祭 四月三日
明治天皇祭 七月三十日
天長節 八月卅一日
秋季皇霊祭 九月廿四日
神嘗祭 十月十七日
新嘗祭 十一月廿三日

◆◆◆

江戸時代、日本橋堀江町三丁目あたり(現在の小舟町、小網町近辺)は団扇川岸と呼ばれ、役者などの錦絵を貼った団扇を売る店が十数軒連なっていた。そこで売られる団扇は極太の竹を用いていたことで八寸団扇と呼ばれる商品であった。それに対して榛原では、酒井抱一(cat.1-6)や椿椿山、渡邊崋山など当時の有名な文人墨客に声をかけ、彼らが描いた絵を版にした高尚な団扇を製作した。団扇の形状も前者に比べて細く、上品に仕立てられ、文人に愛用された(九寸団扇)[註]。

明治以降は海外への贈答を意識した絹貼の細密花鳥画を描いた商品(cat.3-11、3-12)や、画壇で活躍する画家たちに下絵を依頼した「新版うちは」などが販売され、誂え品(cat.3-45～3-51)にも対応している。四代目榛原直次郎の時代には、画壇で活躍する作家に加えて鏑木清方(cat.3-25)などの風俗画家にも揮毫を依頼し、時代に即した絵柄やデザインを提供していたことがうかがえる。

註　笹平利治「江戸団扇の其製造所と製造人」『互研　再刊 1』互研会(榛原商店内)、1930年(初版1918年)

In the Edo period, the area around Horiecho 3-chome in Nihonbashi (today Kobunacho/Koamicho) was referred to as "Uchiwakashi," for the numerous shops in this neighborhood that were selling uchiwa (fans) printed with pictures of actors, hostesses, etc. As those fans were mostly made of very thick bamboo, they were also called "8-sun uchiwa" (8 sun≒24cm), and were mainly used by the general public. The Haibara shop, on the other hand, teamed up with famous artists of the time, such as Sakai Hoitsu (cat. 1-6), Tsubaki Chinzan or Watanabe Kazan, to produce refined uchiwa with illustrations that were drawn more or less for fun by these artists. Compared to the above-mentioned type, these fans (9-sun uchiwa) were much thinner, elegant accessories favored by artists and people of refined taste.

Also introduced in the Meiji period were silk-clad saimitsu kacho-ga ("minute paintings of flowers and birds") that were made with the idea in mind to be useful as presents for people overseas (cat. 3-11, 3-12), and shinpan uchiwa ("newly printed fans") for which artists active in painting circles were commissioned to create designs. Those were sold as regular products, or custom-made for companies or stores (cat. 3-45–3-51). At the time of Haibara Naojiro IV, in addition to artists from painting circles, designs were also commissioned to such genre painters as Kaburaki Kiyokata (cat. 3-25), to offer items with designs and patterns according to the zeitgeist.

四季のうつろいと和紙

団扇
団扇絵

WASHI AND
THE FOUR SEASONS
UCHIWA AND
UCHIWA-E

- 3-11 秋草図 Autumn flowers
- 3-12 白鳥に椿 Swans and camellias

日本の草花と鳥を極彩色で細密に描いた絹貼の団扇。柄(持ち手)の部分を本金蒔絵や紫檀塗で仕上げ、絹製の房を付けた高級品。販売開始時期は不明だが、棒原に現存する団扇カタログ(註)によると昭和13(1938)年までは定番商品としてカタログに掲載されており、外国へのお土産品または貴賓用に用いられた。

註　榛原が発行した団扇用カタログ「流行うちは(団扇)」。大正15～昭和13(1926～38)年にかけて毎年発行された。

• 3-13 二代歌川国明 UTAGAWA Kuniaki II 乳母車 Baby carriage

• 3-14 橋本雅邦 HASHIMOTO Gaho 山水図 Landscape

- 3-15 川端玉章 KAWABATA Gyokusho 砧打つ女 Woman fulling cloth
- 3-16 川端玉章 KAWABATA Gyokusho 洋傘 Umbrellas

• 3-17 竹内栖鳳 TAKEUCHI Seiho 洋装人物図 People in Western-style clothes

• 3-18 寺崎広業 TERASAKI Kogyo 唐美人 Chinese beauty

- 3-19 藤島武二 FUJISHIMA Takeji ヨット Yachts
- 3-20 小川芋銭 OGAWA Usen 夏川 Crossing the river in summer
- 3-21 田中頼璋 TANAKA Raisho 果実とウマオイ Fruits and grasshoppers

3-20｜江戸時代の俳人である与謝蕪村（1716〜1784）の句「夏河を 越すうれしさよ 手に草履」を題材に描いた作品。

- 3-22 阪井久良伎 SAKAI Kuraki 王子権現 Oji Shrine
- 3-23 川合玉堂 KAWAI Gyokudo 月見草 Evening primroses
- 3-24 川北霞峰 KAWAKITA Kaho 海に帆掛舟 Sailing ships on the sea

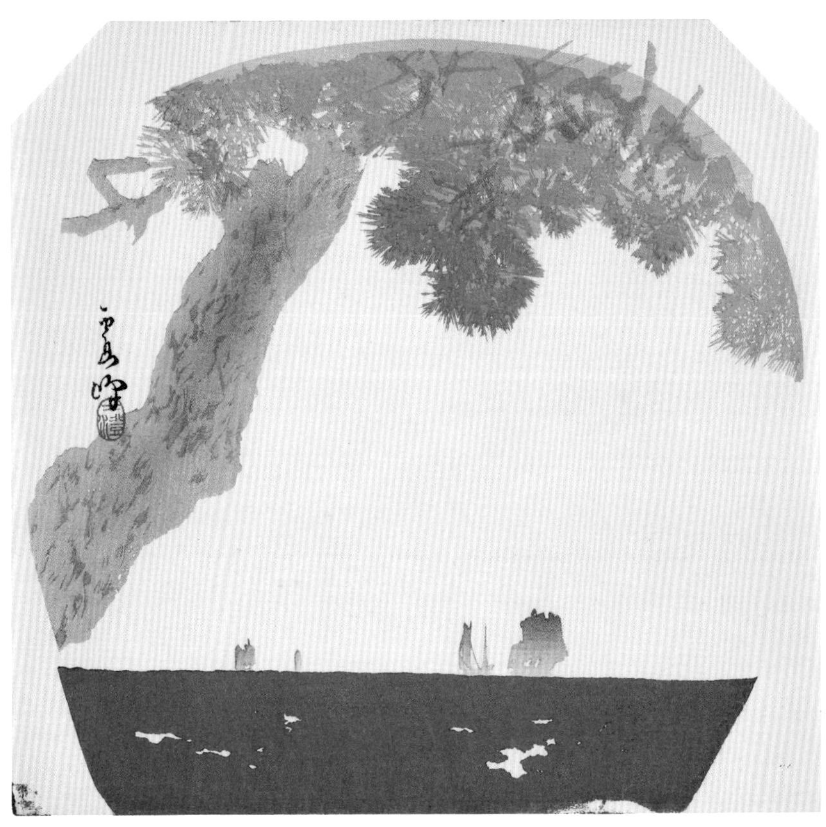

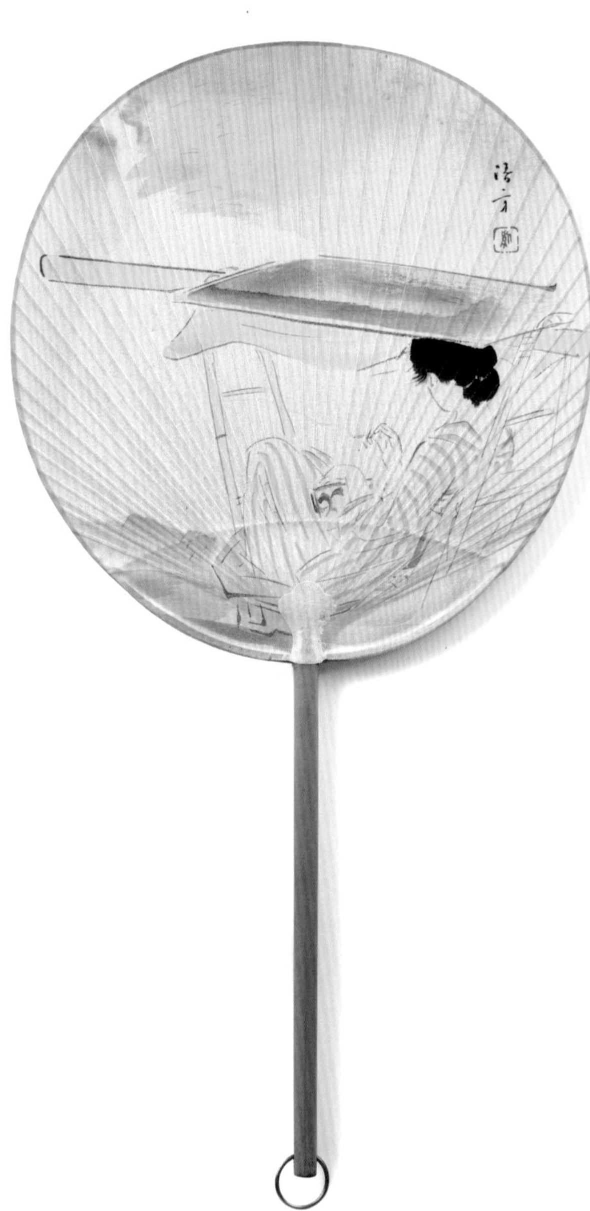

- 3-25 鏑木清方 KABURAKI Kiyokata 納涼美人図 Beauty enjoying the evening cool
- 3-26 松岡映丘 MATSUOKA Eikyu 遠望の島影 Landscape
- 3-27 太田秋民 OTA Shumin 渓流 Mountain stream

- 3-30　川瀬巴水 KAWASE Hasui　金閣寺の暮雪 Kinkaku-ji on a snowy evening
- 3-31　川瀬巴水 KAWASE Hasui　高松の朝 Takamatsu in the morning
- 3-28　川瀬巴水 KAWASE Hasui　姫路城 Himeji Castle
- 3-29　川瀬巴水 KAWASE Hasui　雨の奥多摩 Okutama in the rain

棒原では川瀬巴水に依頼し、全国の名所12景を取材した風景版画の団扇を製作して昭和10(1935)年頃に販売していた。cat.3-30、31は団扇型に描かれた同シリーズの原画と思われる作品で、巴水の署名とともに「昭和9年12月」の記載がある。棒原発行の団扇用カタログ「首夏流行団扇」の昭和10年版には、「版画名所団扇　風景版画」の名称で巴水の団扇《宮島の雪晴》《日光けごんの瀧》、「流行うちは」昭和11(1936)年版には、《高松の朝》が掲載されている。

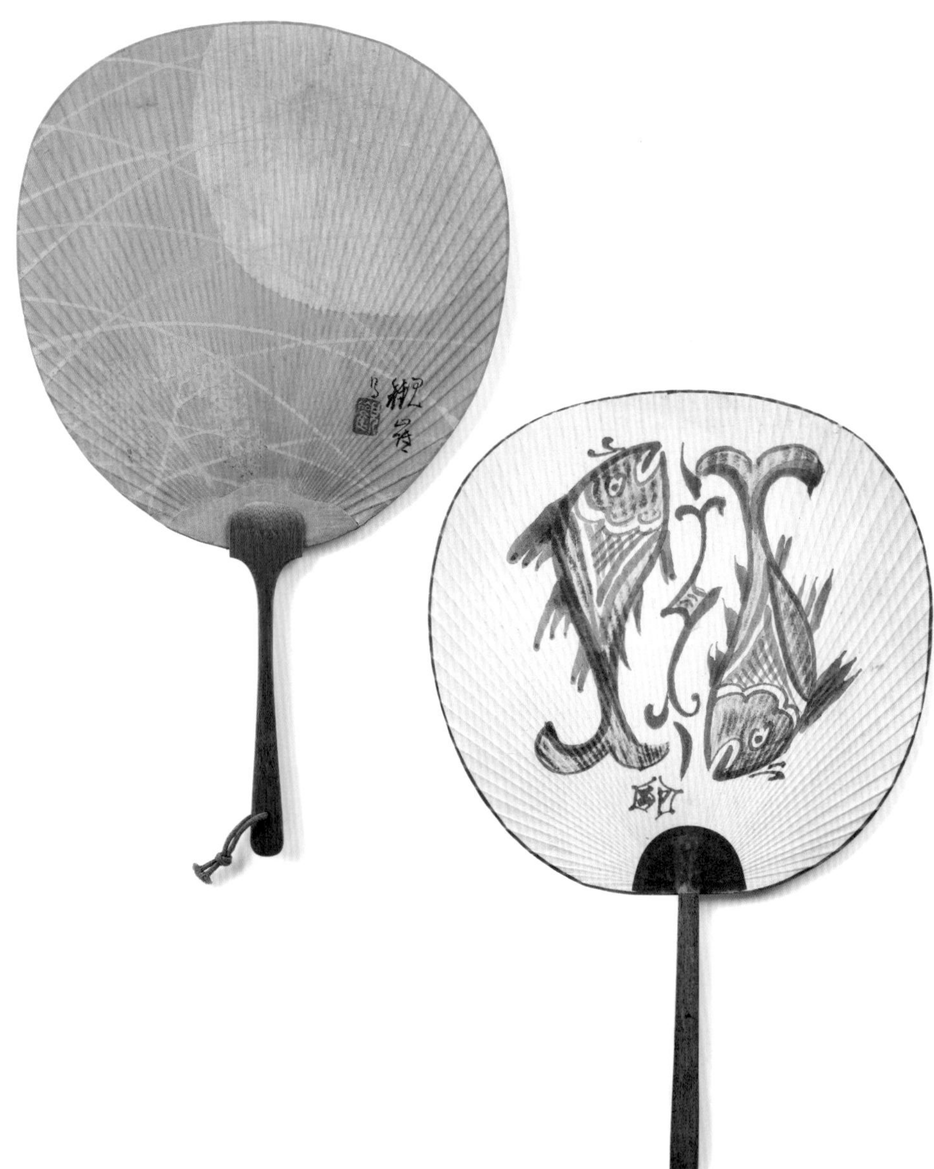

- 3-32 高倉観崖 TAKAKURA Kangai 月に菜の花 The moon and rape flowers
- 3-39 河合卯之助 KAWAI Unosuke 双魚 Paired-fish design
- 3-33 山村耕花 YAMAMURA Koka ぐみに雪 Gumi berry on a snowy day
- 3-34 蔦谷龍岬 TSUTAYA Ryuko 柳に白鷺 Willows and an egret

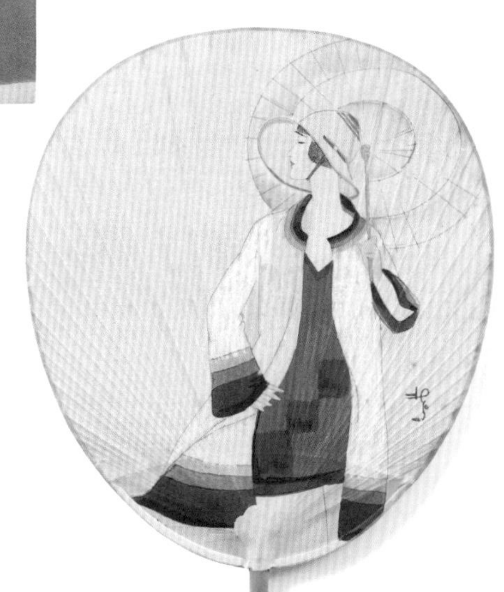

- 3-35 矢沢弦月 YAZAWA Gengetsu
  湖上投網 Fishing in a lake
- 3-38 西沢笛畝 NISIZAWA Tekiho
  桃果 Peaches
- 3-36 多田北烏 TADA Hokuu
  日本アルプス旭岳 Asahidake, Japan Alps
- 3-37 多田北烏 TADA Hokuu
  モガと蟹 Modern girl and crabs

3-37｜団扇の表には日傘を差したモダンガール、裏面には愛らしい蟹が描かれている。渚の一場面を切り取った作品であり、初夏の訪れを軽やかに告げている。

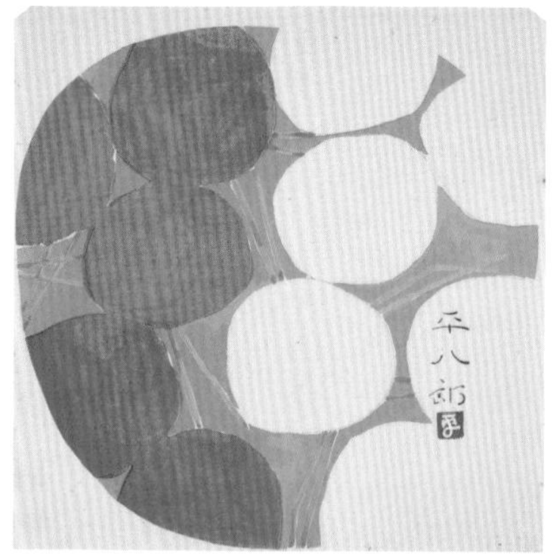

3-40

3-41

3-42

3-43

- 3-40 福田平八郎 FUKUDA Heihachiro 水玉 Polka dots
- 3-41 山口蓬春 YAMAGUCHI Hoshun 川蝉 Kingfisher
- 3-42 乳牛 Cow
- 3-43 芥子 Opium poppies
- 3-44 夜 Night

・3-45 キャセイパシフィック航空(CPA)誂え Cathay Pacific Airlines promotional fan

榛原では、国内外の企業から個人商店に至る幅広い層からの注文に応じた誂えの団扇製作を行っていた。香港を拠点とするキャセイパシフィック航空(Cathay Pacific Airlines)の団扇もそのひとつである。CPAは1946年イギリスの植民地であった香港で創立され、香港からマカオやマニラ、バンコク、シンガポール、上海への旅客便の運航を開始した。この団扇には日本列島および日本への航路が描かれておらず、日本(羽田)へ就航する昭和34(1959)年7月以前のものと推測される。竹製の柄の部分に「HAIBARA TOKYO」の印がみられる。

・3-46 1940年オリンピック誂え Tokyo Olympics 1940 promotional fan

昭和15(1940)年9～10月に東京市で開催を予定していた第12回夏期オリンピックのための特製団扇。欧米以外で初の開催かつアジア初の五輪大会となることから、世界の注目を集める大会となるはずであった。当時の戦況を受け、昭和13(1938)年7月に日本政府はその実施を返上した。製作年は、東京での開催が決定した1935年から38年頃までと考えられる。

Fly CPA · CPA Serves The Far East · Fly CPA · CPA Serves The Far East · Fly CPA · CPA Serves The Far East · Fly CPA · CPA Serves The Far East
SOUTH-EAST ASIA
HONG KONG
INDIA
BORNEO
XII OLYMPIAD
TOKYO 1940

FIRST QUALITY
PAN SOY.
FIRST QUALITY
PAN SOY.

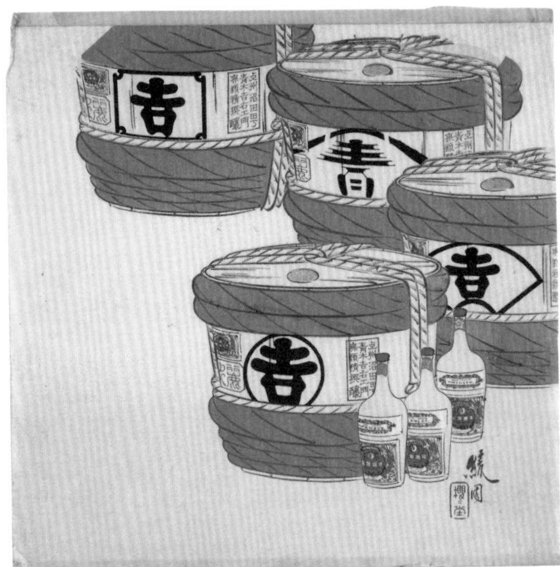
吉

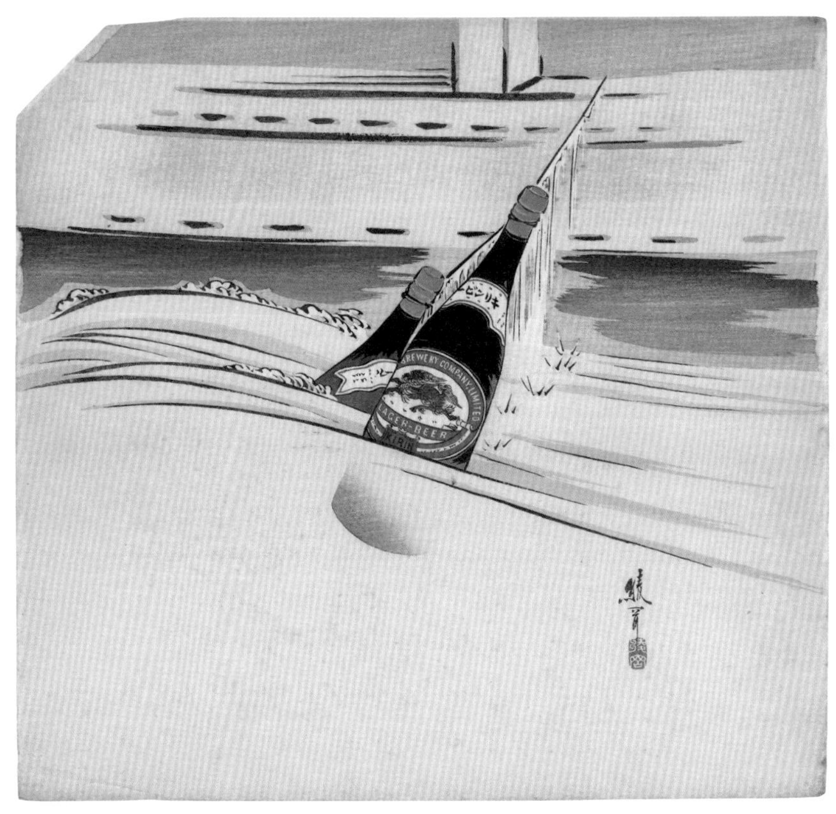

- 3-47 伊藤綾園 ITO Ryoen
  上州沼田町 青木吉右エ門醤油誂え Aoki Kichiemon soy sauce promotional fan
- 3-48 綾岡有真 AYAOKA Yushin
  麒麟ビール誂え Kirin beer promotional fan

• 3-49 伊藤綾春 ITO Ryoshun 帝国ホテル誂え Imperial Hotel promotional fan

帝国ホテルの誂え団扇絵である本図には製作者の署名や印はないが、同図の異版(cat.6-27)があることから伊藤綾春のデザインと思われる。伊藤綾春は、父の綾園とともに榛原の商品に図案を提供した日本画家であり、後年は南北合派の荒木十畝(1872〜1944)が率いる読画会に属していた。四代目榛原直次郎が当主となって以降は、榛原でも西洋風のデザインにも力を入れており、そうした要望に応えての製作であろうか。伊藤綾春は、本作以外にも榛原が誂えた帝国ホテル絵はがきのデザインを手がけている。

HOTEL
IMPERIAL
TOKYO

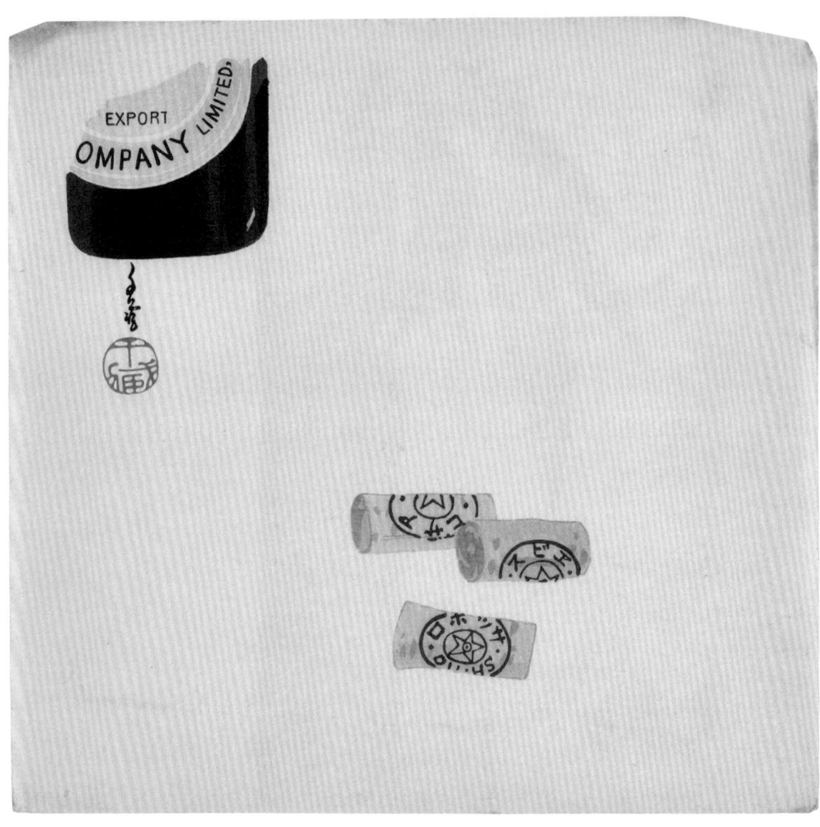

• 3-50 ビール（アサヒ・エビス・サッポロ）誂え Beer (Asahi, Ebisu, Sapporo) promotional fan

• 3-51 奥谷の鷺娘（日本酒）誂え Sagimusume (sake) promotional fan

山ぢや御嶽
景色じや寝覚
酒ぢや
眞谷の鷺娘

• 4-1 豆文具一式
（五色巻紙・五色封筒・
書簡箋・豆本入り筆筒）
Mini stationary set

3つの文具で構成された豆文具一式。ひとつめは桐製2段重ねの小さな手箱に入った5色の巻紙と封筒のセットである。これらの品々には雁皮紙が使用されており、江戸時代に榛原の名とともに広く知られた「五雲箋」を連想させる。ふたつめは罫線が入った書簡箋（便箋）と封筒がそれぞれ2種類入った桐箱。書簡箋の掛け紙は、気球を描いた「凬箋（ふうせん）」と、国の重要文化財に指定されている驛鈴（えきれい）をモチー

フに描いた「逓牋」。3つめの書物箪笥の中には、和綴じの豆本がおさめられている。榛原は、江戸を代表する書物問屋である須原屋の系譜に連なっており(「江戸から明治の榛原」の章を参照)、書物の販売や出版なども行っていた。それぞれ榛原の歴史と深い関わりがある品々であり、榛原の歴史を振り返ることができる。桐箱の貼り紙の印から、書簡箋は明治以降に製作されたものであろう。

私たちが手紙を出す際、受け取る相手のことをあれこれ想像し、便箋や封筒のデザインや色、紙質を吟味する。そうした楽しみは先人たちも同じであったであろう。

江戸時代、日常使いの便箋にあたるのが半切(はんきれ)や巻紙であった。半切とは、全紙を横半分に切断した紙で、それを貼り継いで長くしたものが巻紙である。これに手書きや木版摺で模様や絵を付けた絵半切は、おもに大名の奥方や女中など身分の高い女性が書簡を書く際に好んで用いられた。

文化期(1804～18)に江戸の榛原・金花堂・今井の3店が熱海産の雁皮紙を販売したところ、墨つきがよく艶やかな質感が流行し、以後は文人たちが好んでこれを書簡紙として用いるようになる。当時の引札をみると、雁皮紙とともに色や絵柄を工夫したさまざまな半切類を店頭で扱っていたことがうかがえる。こうした書簡を包んだものが状袋(じょうぶくろ)あるいは文筒で、揃いの模様や関連した画題を描くなど工夫を凝らした商品が製作されていた。

明治になると、歌枕(和歌に詠み込まれた名所)をはじめとする日本の伝統的な名所だけでなく、文明開化によって誕生した新名所を描いた商品も登場する。そのほかにも海外輸出あるいは海外への土産物と思しき日本の風俗や行事を題材にした書簡箋と封筒のセット(cat.5-5)もみられ、国内外の需要に応えた商品を揃えていたようである。

When we write a letter, we imagine the person that is going to receive and read it, and make careful choices in terms of quality, colors and designs of envelopes and paper. Quite certainly, our ancestors enjoyed these things as well.

In the Edo period, rolled half-size washi paper was the most common type of letter paper for everyday use. Half-size means that sheets of regular-sized paper were cut in half horizontally, and then glued together into long strips that were sold as rolls. Hand-painted or wood-printed with various pictures or patterns, these paper strips were favored as letter paper mainly by the wives or maids of Daimyo, or other women of high standing at the time.

When the three Edo shops Haibara, Kinkado and Imai introduced so-called gampi paper produced in Atami during the Bunka years (1804–18), it became widely popular for its glossy texture and compatibility with ink, as a result of which this became letter paper of choice in the literati circles. From handbills that were distributed at the time, we understand that, in addition to gampi paper, the shops were also offering other rolled papers in various designs and colors. Letters written on these types of paper were wrapped in jobukuro or bunto, which also came in various creative designs with patterns matching those of the paper, or painted with related motifs.

In addition to items depicting landmarks that are frequently mentioned in Japanese traditional poems, new products appeared with depictions of new landmarks that emerged in the course of westernization in the Meiji period. Among others, the lineup of products designed to meet domestic and international demand included sets of letter paper and envelopes themed on Japanese customs and ritual events (cat. 5-5), which were apparently meant for export or as souvenirs for people overseas.

PRETTY
LITTLE PAPER ITEMS
TO GIVE AWAY
OR EXCHANGE
ILLUSTRATED
ENVELOPES
AND
LETTER PAPER

交わす、贈る
美しく可憐な小間紙たち

絵封筒
便箋類

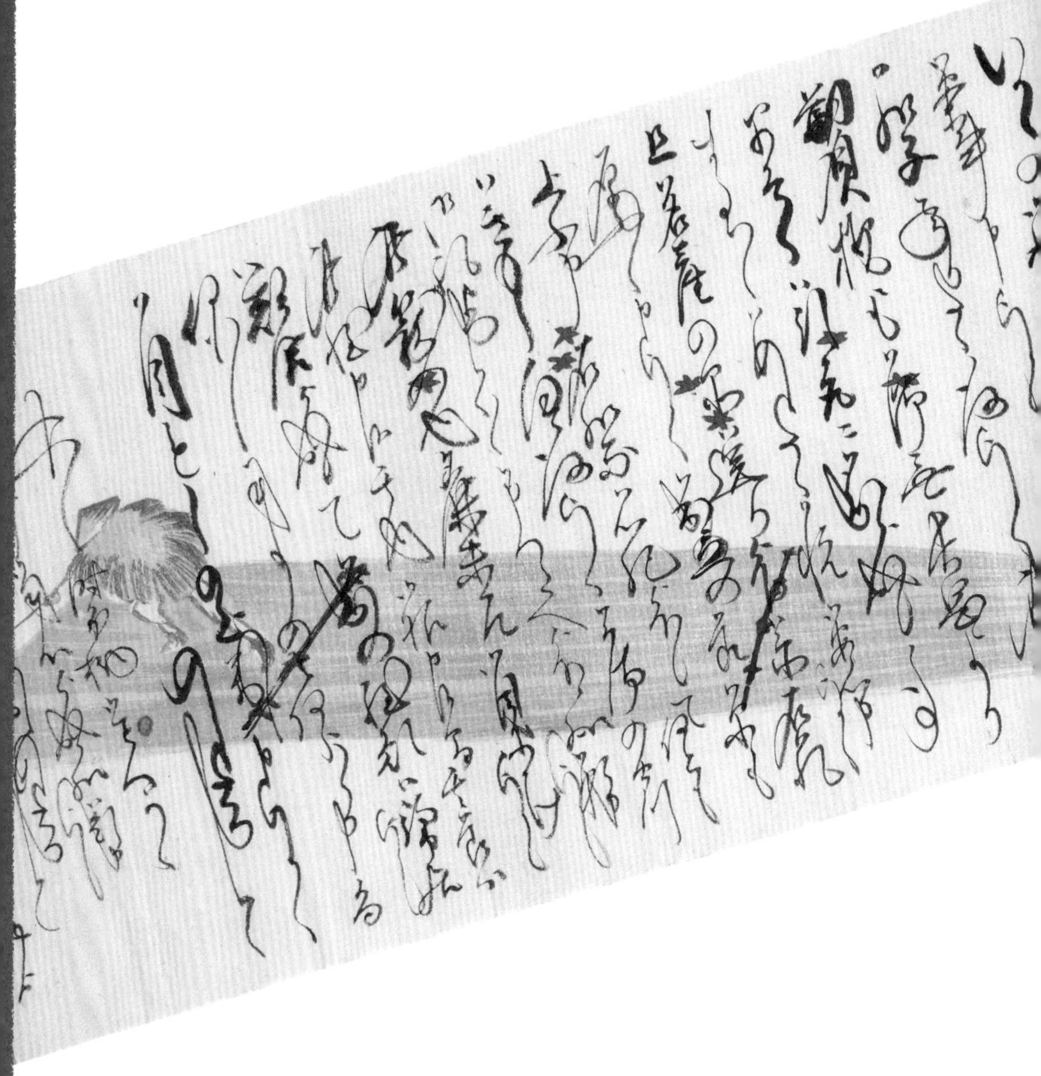

• 5-1 直筆書簡（榛原製絵封筒・絵巻紙使用）Letter (using letter set made by Haibara)

絵半切（便箋）は、摺り出された文様や絵柄の美しさだけでなく、使用されることを前提にしたいわば「未完の芸術」である。淡い色彩と十分にとられた余白は文字への配慮であり、墨の文字が加わることで全体のバランスが整うよう計算されていた。

表紙

• 5-2 状袋貼込帖 Book of folding envelopes

状袋とは、書面を包むたとう紙や文筒（封筒）のこと。cat.1-5の絵封筒を展開した状態のものがこの貼込帖に収録されている。cat.1-5の封筒裏には「金花堂」の版元印があり、こちらの状袋裏には「榛原製」の印があるように、2店では共通する商品も扱っていた。表紙はcat.2-37の千代紙と共通のデザインが使用されている。

- 5-3 絵半切貼込帖より 明治神宮
  Book of half-size washi letter paper: Meiji Shrine
- 5-6 舟 Envelope: Ships
- 5-7 嵐山 Envelope: Arashiyama

5-3｜かつて榛原で販売されていた絵半切を貼込んだ見本帖。人気を集めた商品には「品切」の札が貼られ、絵半切に対応する美しい絵封筒も製作されていた。絵半切の題材は、江戸時代には歌枕（和歌に詠み込まれた名所）が中心であったが、明治以降は新たに明治神宮や二重橋など新時代を象徴する東京名所が加えられた。

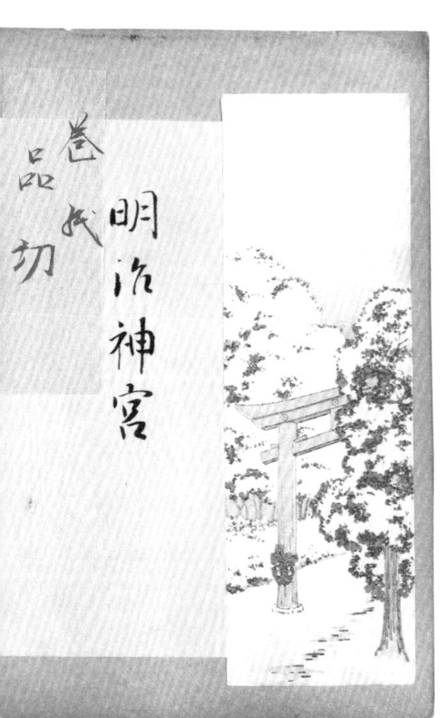
巻紙
品切
明治神宮

• 5-4 綾岡有真か AYAOKA Yushin?

洋絵封筒のための下絵（花見・梅見・縁台での梅見）

Design for European envelope (flower-viewing party)

• 5-5 綾岡有真か AYAOKA Yushin?

洋絵封筒とカードのセット

European illustrated envelopes and cards set

江戸の四季と風俗を描いたカードと洋封筒のセットは、海外への輸出品あるいは贈答品であろうか。下図は柴田是真の高弟であった綾岡有真あるいはその弟子伊藤綾春と思われる。綾岡有真、伊藤綾春はともに榛原の商品に多くの下絵やデザインを提供しており、特に有真は古典的な画題や模様のほかに師ゆずりの洒脱な風俗画も手がけている。

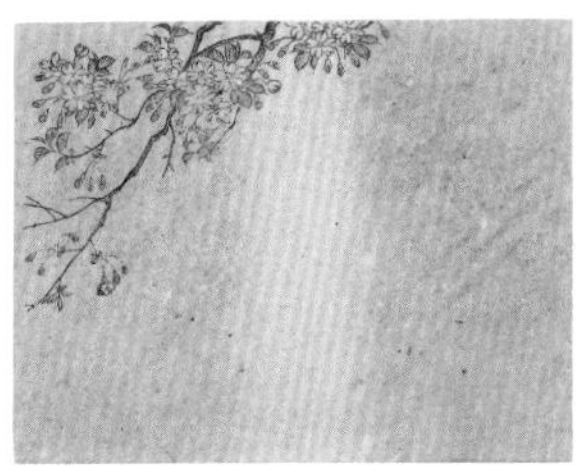

• 5-8 河鍋暁斎 KAWANABE Kyosai
封筒「東京開化名所文筒」
Envelope designs with civilizational landmarks in Tokyo

暁斎が榛原の注文で描いた絵文筒。表包みの封筒を除く9枚に、それぞれ文明開化を象徴する建物が描かれている。場所はそれぞれ以下のとおり。九段坂の燈明台、萬世橋、海運橋 第一国立銀行、駅逓寮、海運橋 三井組ハウス、常盤橋 紙幣寮印刷工場、永代橋と佃の釣船、上野の風車、飛鳥山と王子の製紙工場。

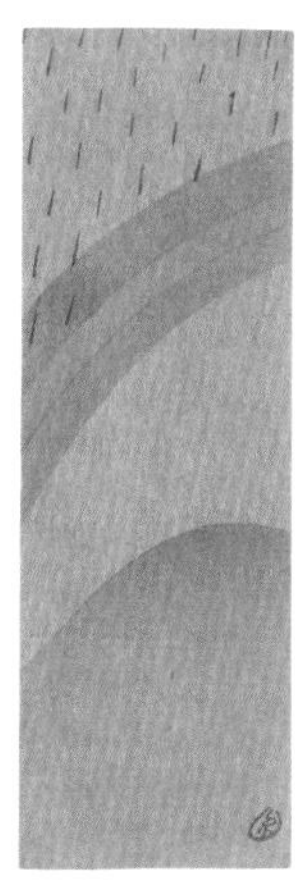

5-10

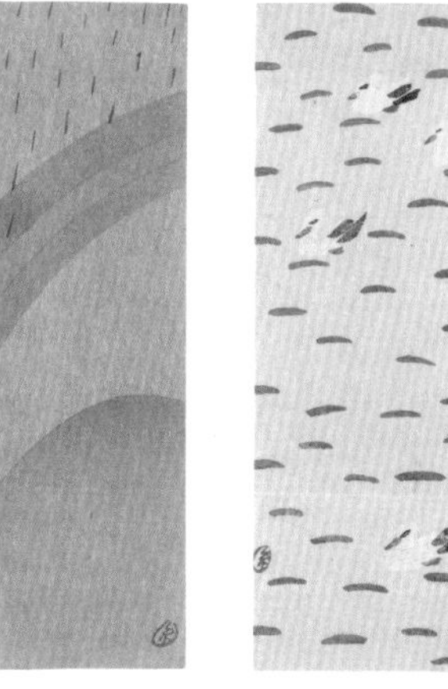

5-11

5-12

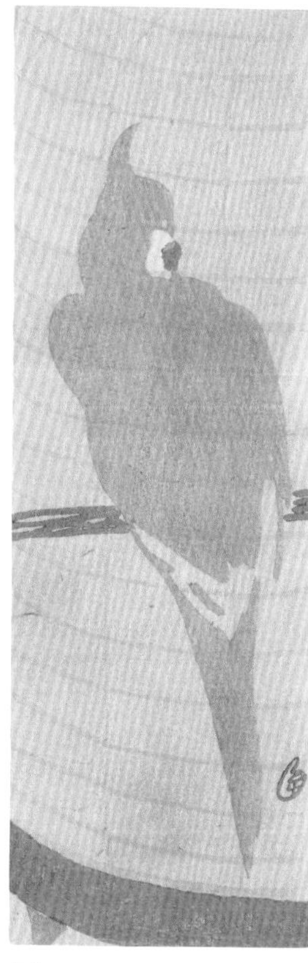

5-9

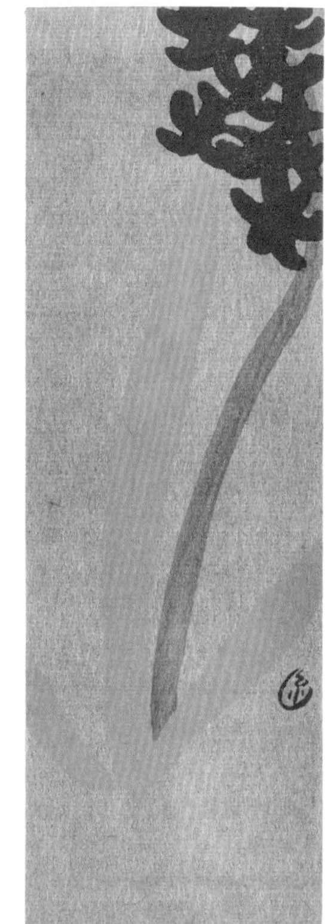

- 5-9 小絲源太郎 KOITO Gentaro インコ Envelope: Bird
- 5-10 小絲源太郎 KOITO Gentaro 虹 Envelope: Rainbow
- 5-11 小絲源太郎 KOITO Gentaro 千鳥 Envelope: Chidori (plovers)
- 5-12 小絲源太郎 KOITO Gentaro ヒヤシンス Envelope: Hyacinthus

• 5-13 洋風絵封筒 Illustrated envelopes

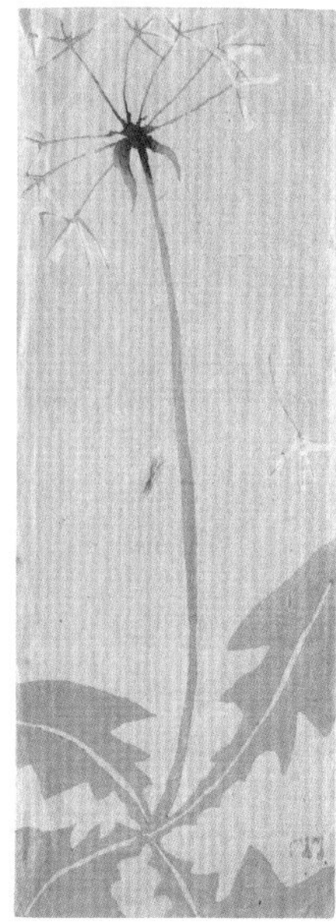

- 5-15 竹久夢二 TAKEHISA Yumeji 蒲公英（たんぽぽ） Envelope: Dandelion
- 5-16 竹久夢二 TAKEHISA Yumeji 花 Envelope: Flowers
- 5-17 竹久夢二 TAKEHISA Yumeji 花 Envelope: Flowers
- 5-18 竹久夢二 TAKEHISA Yumeji 花 Envelope: Flowers

竹久夢二がデザインした小間紙は、妻たまきが店主をつとめた「港屋絵草紙店」のほか複数の版元から販売された。現存する資料では大正2（1913）年頃から榛原との間でデザインに関するやりとりを記述した葉書が確認されている（註）。明治43（1910）年に当主となった四代目榛原直次郎は、伝統的な画壇に属さない画家たちを積極的に起用し、夢二との協働を通して魅力的な商品を提供した。

註　大木優子「和紙舗『榛原』と竹久夢二」『増補版　金沢湯涌夢二館収蔵品総合図録』公益財団法人金沢文化振興財団金沢湯涌夢二館、2021年

• 5-14 絵封筒貼込帖 Book of envelopes

榛原から販売された竹久夢二図案による絵封筒。上部にはそれぞれ「竹久夢二氏／図案／ゆめじ絵文筒／拾枚参拾銭」のラベルとともに、右から「楓」「松竹梅」「雪笹」「萩」「月ニ薄」「鶏頭」「(名称記載なし)」「孔雀ノ羽」の名称が記載されている。

No. 10
萩

No. 9
雪笹

No. 6
松竹梅

No. 5
楓

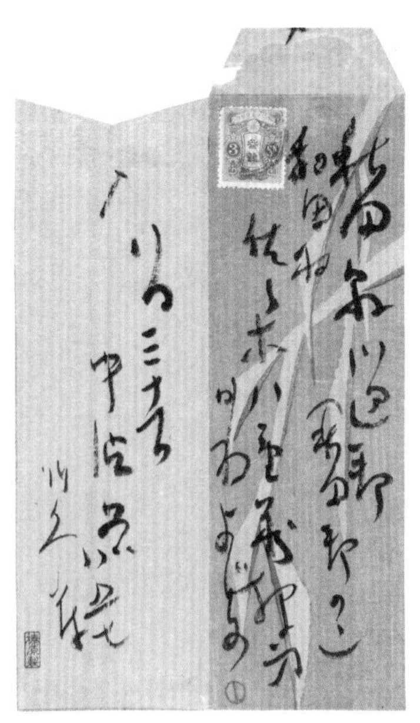

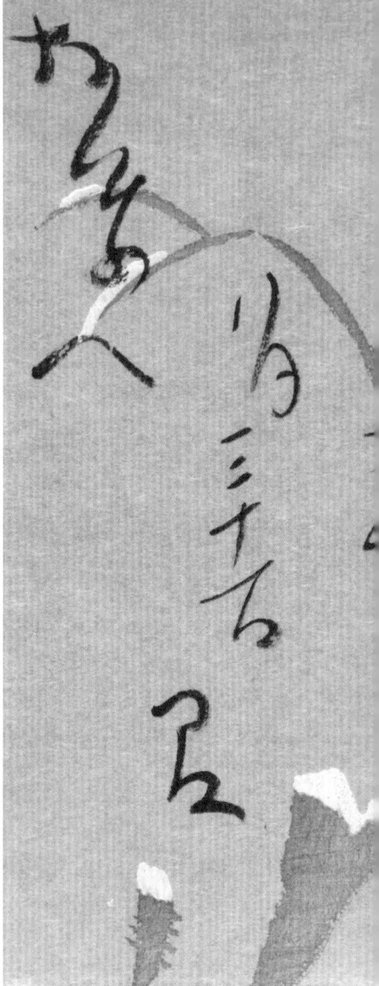

• 5-19 竹久夢二 TAKEHISA Yumeji　お葉宛 夢二直筆書簡（榛原製便箋・封筒使用）
Letter to SASAKI Kaneyo (Oyo) written by TAKEHISA Yumeji (using letter set made by Haibara)

巻紙に描かれている枯れ枝の積雪が、薄墨色の背景からほのかに浮き上がってみえる。一見地味なモチーフだが、それがかえって相手を想う心情と重なり絶大な効果を生み出している。この榛原製の便箋と封筒は夢二自身がデザインしたもので、同柄の封筒「雪笹」が榛原の絵封筒貼込帖（cat.5-18）にみられる。宛名のお葉は大正8（1919）年春から夢二作品のモデルとして登場した女性で、本名は佐々木カ子（ね）ヨ。最初に夢二と出会った当時は、夢二が私淑した洋画家藤島武二の職業モデルであった。大正9年、最愛の女性彦乃との死別を機に、夢二はモデルを務めていたお葉と渋谷宇田川へと転居する。大正13年12月荏原郡松沢村（現世田谷区）にアトリエ兼住居を新築するまでの間ふたりは渋谷で暮らし、大正14年頃までお葉は夢二の精神的な支えとなった。

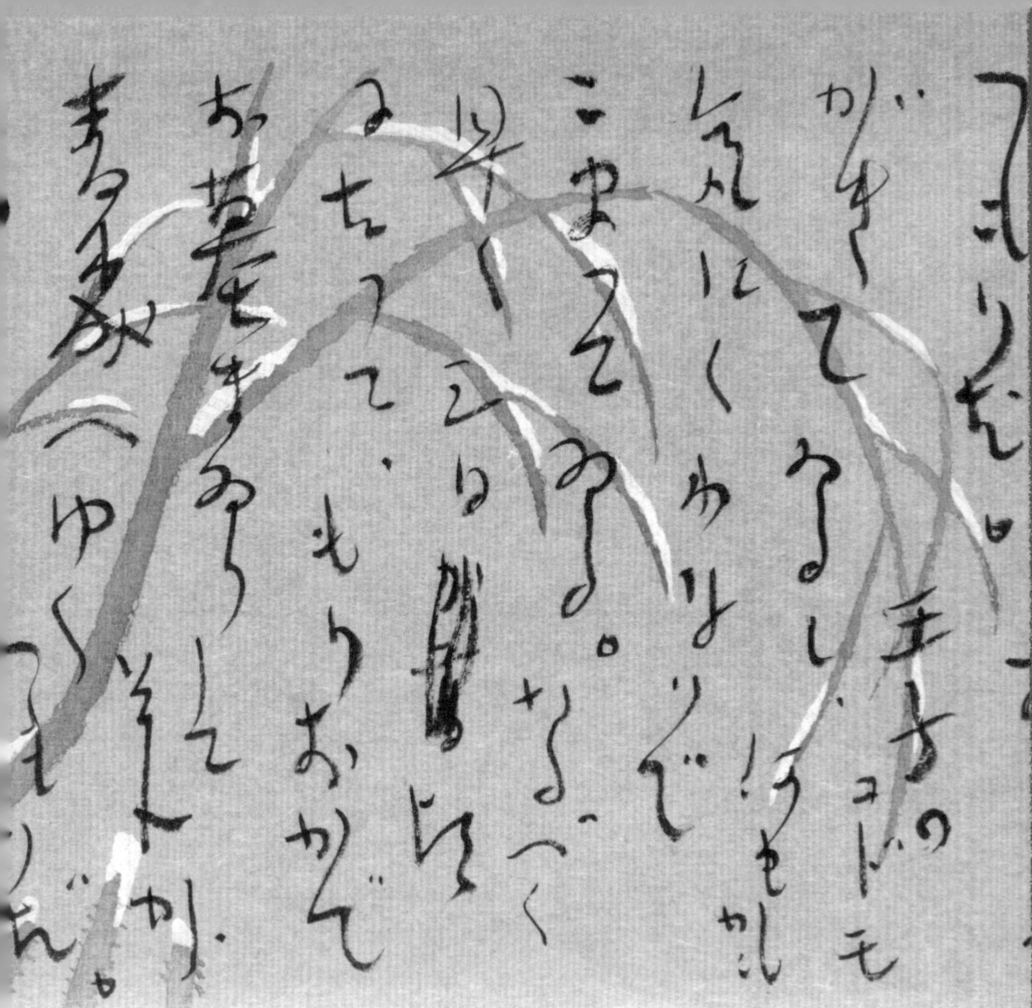

つまりだね
五寸のヨドも
がきてうるしいもかし
気にくわないで
こまってみる。なべく
好くこりだほ
みちて、もりおかで
お茶をきめしてえやり
まるまめへゆくつもりだね

祝儀や贈答品などに添えられている熨斗だが、もとは「熨斗鮑」であり中世に簡略化され「熨斗」と呼ばれるようになった。長く伸ばして乾燥させた鮑の乾物(長熨斗)は、長命の妙薬として珍重され、祝賀の儀式や高貴な人への贈り物に用いられた。やがて公家や幕府の間で、贈り物に際して熨斗鮑を和紙で包んだもの(熨斗包み)を添えることが礼法により定められ、これが次第に町人にも広がった。

時代がくだると簡略化がすすみ、鮑を略した「折熨斗」や、紙に摺られた熨斗を切り取って使用する「切熨斗」(cat.5-20)など多種多様な種類が登場する。折り熨斗には高価な鮑に代わり、吉祥文様や祝賀を象徴する美しい図柄を摺った和紙が用いられた。河鍋暁斎も榛原の注文で熨斗のデザインを多く手がけており(cat.5-22)、当時の人々の生活のなかで熨斗の重要度は高く、贈答や季節に応じて熨斗を選んでいたことがうかがえる。

The paper strips that have been used for decorating presents or ceremonial gifts, were initially called "noshi-awabi," before becoming popularly known as simply "noshi." Dried abalone (in its long-stretched form known as naga-noshi) had long been valued as a drug for longevity, and used to be given away at ceremonial/festive occasions or to noble persons. At some point, wrapping noshi-awabi in noshi-tsutsumi made of washi paper became an established etiquette for the exchange of gifts between noblemen or government officials, and this habit gradually spread also among the general public.

Over time, things were increasingly simplified, resulting in the production of ori-noshi with origami only, and without the abalone, or kiri-noshi for which noshi were cut out from printed sheets of paper (cat. 5-20). In the ori-noshi, the expensive abalone was replaced with origami made of washi paper printed with gorgeous kissho patterns or festive designs. Kawanabe Kyosai also created numerous noshi designs for Haibara (cat. 5-22), and from these we can imagine how important noshi were as daily life utensils for the people back then, and how they chose noshi carefully depending on the season or in response to previously received gifts.

熨斗(のし)

交わす、贈る
美しく可憐な小間紙たち

PRETTY
LITTLE PAPER ITEMS
TO GIVE AWAY
OR EXCHANGE

NOSHI

• 5-20 切熨斗 Kiri-noshi

表紙

• 5-21 古代模様御のし津々美 Noshi with antique pattern

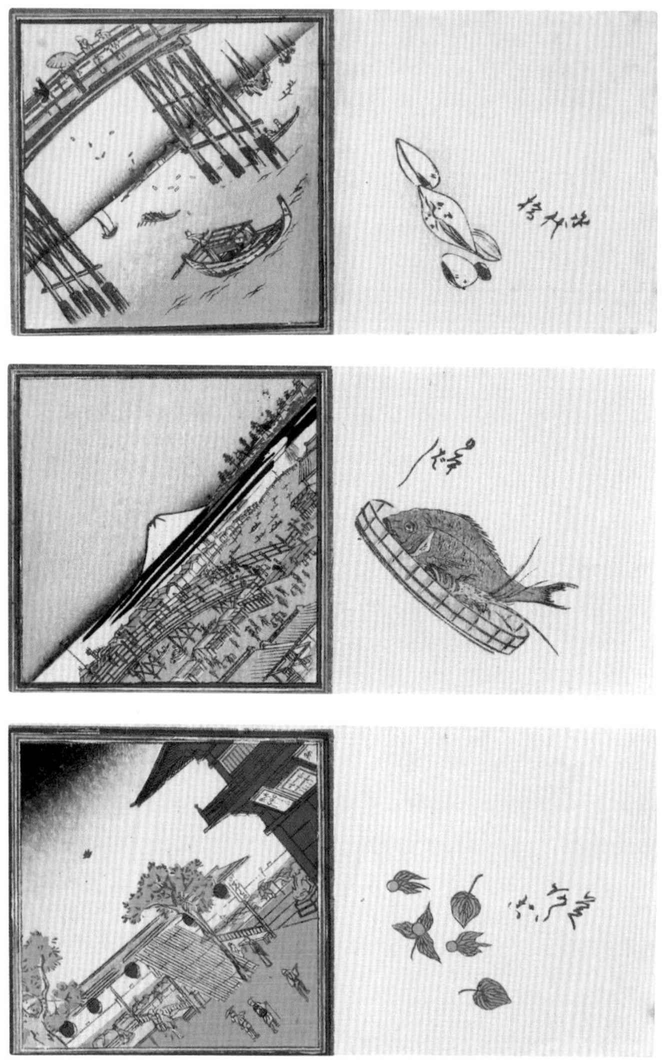

• 5-22 河鍋暁斎 KAWANABE Kyosai 折熨斗 Ori-noshi

◆◆◆

年長者から年少者へ心づけ（相手にねぎらいや感謝の気持ちを伝えるために渡す金銭）を贈るときに用いた手のひらにおさまるくらいの小型の紙袋のことを、御祝儀袋またはぽち袋と呼んだ。「ぽち」とは本来ちいさいもの、かわいいものを表す上方の言葉であった。

豊かな経済力と成熟した文化のなかで生まれたことから、小さいながらも贅沢な摺りと趣向を凝らしたデザインに高い付加価値が与えられた。文学、芸能を題材にしたもの、当時の花柳界で共有された知識などのモチーフが多く描かれている。ぽち袋には、贈り主の遊び心やセンスが反映されることから、時には相手に中身よりも強い印象を与え、長く手元に保管された。極小の画面を最大限にいかした美しいぽち袋は国内外で収集の対象となり、洗練された遊び心をもった榛原のデザインは高い人気を集めた。

榛原では用途に応じて大きさの異なる数種類のぽち袋を製作し販売していた。お年玉や引っ越しの手伝い、お使いの御礼、お茶菓子の代わり、勉強やお稽古ごとに励んだご褒美など、ぽち袋は日常生活のさまざまな場面で活躍した。

"Shugi-bukuro" or "pochi-bukuro" ("pochi" originally meaning "small" or "cute" in the Kansai area) are small-sized paper bags that fit in the palm of a han d. They have been used at various occasions where seniors give monetary gifts to juniors, as an expression of gratitude or appreciation.

A product of a combination of abundant economic power and mature culture, pochi-bukuro came with the high additional value of small but gorgeous prints and elaborate designs, mostly themed on literature or other forms of entertainment, or various information that was circulating in the Geisha districts of the era. As they reflected very much the taste and sense of fun of those who gave them away, the pochi-bukuro sometimes made a bigger impact on the receiver than what they contained, and were kept for a long time. Beautifully printed to make the most of the tiny available space, pochi-bukuro became a subject of collection in Japan and also overseas, and the refined yet playful Haibara designs gained high popularity.

Haibara produced and sold pochi-bukuro of different types and sizes for all kinds of daily life situations, functioning as New Year's gift, a thank-you for helping out, a substitute for biscuits, a reward for studies and other efforts, etc.

祝儀袋
ぽち袋

交わす、贈る
美しく可憐な小間紙たち

PRETTY
LITTLE PAPER ITEMS
TO GIVE AWAY
OR EXCHANGE
SHUGI-BUKURO
AND
POCHI-BUKURO

• 5-23 祝儀袋貼込帖 Book of traditional wrapping with mizuhiki

11

SOME-
THING
IS
BETTER
THAN
NOTHING
五千石
郵便
POST
10

• 5-24 河鍋暁斎・暁翠ほか KAWANABE Kyosai, KAWANABE Kyosui and others
ぽち袋揃「御祝儀袋十二ヶ月」Small envelope set: Calendar of annual events

12ヶ月それぞれの行事を題材にした12点揃いのぽち袋。鯉幟・閻魔・大福帳と鯛・重陽の菊は河鍋暁斎、獅子舞・立雛・酉の市の熊手は暁斎の娘である河鍋暁翠の図とされる。複数の作者の手が混在している点と、同名作品で一部異なる組み合わせを紹介する資料(註)もあり、12点の組み合わせは時代に応じて変化していた可能性がある。

註　喜道裕子『ぽちふくろ』(スーパーエディション、2003年)では、〆飾り・七夕の異なる図様を含めた6点を紹介している。

• 5-25 柴田是真 SHIBATA Zeshin ぽち袋揃「花くらべ」 Small envelope set: Various flowers

「花くらべ」とは、榛原が刊行した柴田是真による版画集の名称(cat.6-3参照)。そこから10図を選出し、ぽち袋仕様の大きさに改変され販売された。ぽち袋を包むたとう紙の裏には、それぞれの画題が記載されている。「花こよみ」「花笠」「花くらべ」「桜鯛」「護花鈴」「花こま」「酒中花」「花車」「纏頭」「花ごさ(ざ)」。

• 5-26 ぽち袋揃「御大典奉祝 御祝儀包」Small envelope set: Enthronement celebration

昭和3(1928)年に行われた昭和の御大典(御践祚、御即位、大嘗祭)を祝して発行された記念のぽち袋。御大典を祝う時代の雰囲気が伝わってくる。

ん

ば焼
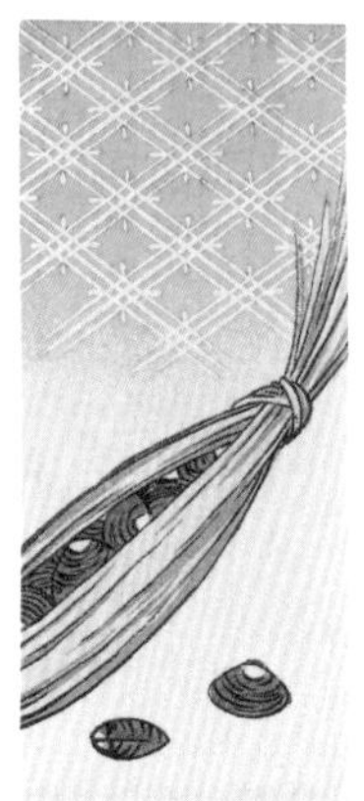

天

蒲焼

- 5-27 ぽち袋揃「食道楽」Small envelope set: Gastronome
- 5-28 ぽち袋揃 七福神 Small envelope set: Seven deities of good fortune

5-32

5-31

5-30

5-29

- 5-29 月夜の黒猫 Black cat in the moonlight
- 5-30 我が物と A snowy day
- 5-31 トランプ Trump card
- 5-32 招き猫 Maneki-neko
- 5-33 招き猫 Maneki-neko
- 5-34 千両箱 Box of 1000 gold coins
- 5-35 （青地に白網目文様） (White netting pattern on blue ground)
- 5-36 小唄集 Book of songs
- 5-37 （黒字に黄色文字）(Yellow letters on black ground)
- 5-38 高砂 Noh play *Takasago*
- 5-39 竹久夢二 TAKEHISA Yumeji 宝船 Treasure ship
- 5-40 骸骨 Skeleton

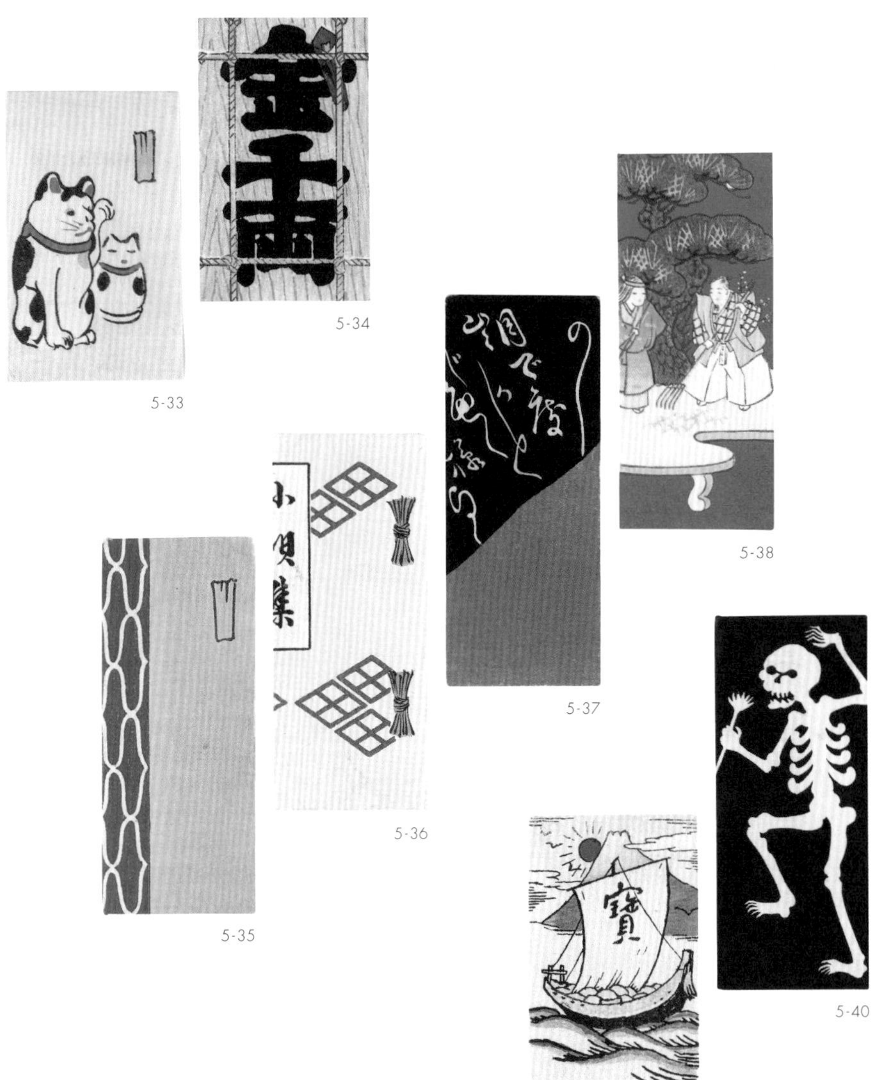

5-33

5-34

5-35

5-36

5-37

5-38

5-39

5-40

5-30｜江戸期の俳人、宝井其角（1661〜1707）の「我雪とおもへば軽し笠の上」を原句にしたことわざ「我が物と思えば軽し笠の雪」をデザイン化したもの。どのような場面で使用されたのか、想像が尽きない。

◆◆◆

棒原・金花堂では、江戸の頃から画家や文人たちと交流をもち、団扇絵や色紙短冊などの画稿を依頼してきた。特に明治前半に榛原中興の祖となった三代目榛原直次郎は若い頃から美術に関心が高く、さまざまな商品のデザインを柴田是真や河鍋暁斎、川端玉章らに依頼した。直次郎は日本の伝統的な美術の保護を目的として設立された龍池会へも参加し、国内外で開催された博覧会へ出品するなど新政府の美術施策にも深く関与した。また、是真の門人である綾岡有真、その弟子の伊藤綾春もまた榛原の商品デザインに深く関わった画家である。是真亡き後、榛原との関係を保ちながら時流に即した図案を榛原に提供し、かつての商品や画稿にその足跡を残している。

四代目榛原直次郎の時代には、人気作家である竹久夢二と協働して商品を製作するなど、画壇以外の新たな分野で活躍する作家との仕事が増えていく。

本章では、榛原と深い関わりがあった5人の画家──河鍋暁斎、柴田是真、綾岡有真、伊藤綾春、竹久夢二──をとりあげ、彼らが榛原で手がけた仕事を紹介する。活躍した時代や画風もそれぞれに異なる画家たちが、榛原という紙舗兼版元に残した足跡をたどっていく。

Haibara was actively engaged in exchange with painters and literati since the Edo period, and commissioned them to create designs for a variety of products such as uchiwa-e or tanzaku made of colored paper. Especially Haibara Naojiro III, who became known as the restorer of Haibara in the first half of the Meiji period, had an interest in art from a young age. He maintained friendly relations with the likes of Shibata Zeshin, Kawanabe Kyosai and Kawabata Gyokusho, and in addition to commissioning them to contribute designs for all kinds of products. Naojiro was also involved in the Ryuchikai (predecessor of the Japan Art Association) that was established with the aim to preserve Japanese traditional arts, and significantly participated in the new government's art policy by showing works at exhibitions both in Japan and abroad. Zeshin's pupil Ayaoka Yushin, as well as Ayaoka's disciple Ito Ryoshun, were also painters who were deeply involved in Haibara's product design. After Zeshin's death, while maintaining the connection to Haibara, both of them left their own footprints on existing product lines by adding fashionable designs in the Genroku or Art Nouveau style.

At the time of Haibara Naojiro IV, in addition to commissioning the usual artists from painting circles, new products were also developed in collaboration with Takehisa Yumeji, a popular painter who was out of office at the time, which apparently marked a departure from the previous form of cooperation where artists provided designs only.

Introducing five painters with strong connections to Haibara—Kawanabe Kyosai, Shibata Zeshin, Ayaoka Yushin, Ito Ryoshun and Takehisa Yumeji—and their respective works for the company, this chapter examines the marks left on the paper store and publisher Haibara by artists working in different times and styles.

EXCHANGE WITH PAINTERS

画家たちとの交流

• 6-1 柴田是真 SHIBATA Zeshin 団扇絵 酔後の亀 Uchiwa-e (picture for fan): Drunken sleeping turtle

柴田是真は榛原創業の翌年にあたる文化4(1807)年、江戸両国に生まれた。幼名が亀太郎であったためか、是真の戯画には人間味溢れる亀がしばしば登場する。本作品も、杯をあけ気持ちよさそうにまどろむ亀が描かれている。明治時代になり還暦を過ぎたあたりから、是真は動物や生き物を擬人化してユーモラスに描いた作品を制作しており(註)、本作もそれに類する作品と思われる。

註　安村敏信「柴田是真絵画試論」『MUSEUM』363号、1981年

• 6-2 柴田是真 SHIBATA Zeshin 団扇絵 桐花 Uchiwa-e: *Paulownia tomentosa*

是真の団扇絵の中には、木版画『花くらべ』(cat.6-5)と共通する絵柄が何点か認められる。製作年の記録がなくどちらが先に製作されたか明らかではないが、葉など細かな部分にわずかな相違点があり、それぞれ別の版木で製作されたものと考えられる。是真の団扇は大正、昭和にも「榛原形」などとして継続販売されており(註)、榛原を象徴する画家として長くその画風と作品が愛されている。

註 榛原の団扇カタログ「流行うちは(団扇)」大正15年、昭和2、9、13年に是真画の団扇が掲載されている。

• 6-5 柴田是真 SHIBATA Zeshin 木版画『花くらべ』貳編(折本) Print: *Hana Kurabe*, second chapter

四代目榛原直次郎は、たとう包みであった『花くらべ』を折本形式(紙を横につなげ、山折りと谷折りを交互につくり折りたたんだ装幀)にして大正7(1918)年に全10巻を刊行した。周囲の余白部分は初版より多少詰められたが、画の大きさは同寸のままとなっている。

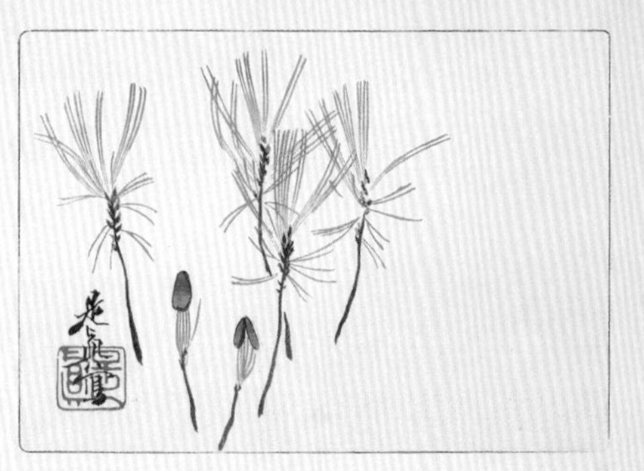

• 6-3 柴田是真 SHIBATA Zeshin 木版画『花くらべ』初編 Print: *Hana Kurabe*, first chapter

『花くらべ』は、明治24(1891)年頃(註)に三代目榛原直次郎が初版を刊行した是真の木版画集。12点1組の木版画をたとう包みにして全10編が刊行された。内容は四季の草花とともに風俗・動物・器物などが時に言葉遊びを伴い、洒脱な筆致で描かれている。収録されている作品は行年記と署名が入ったものもあれば、落款のみの作品、無署名のものもある。

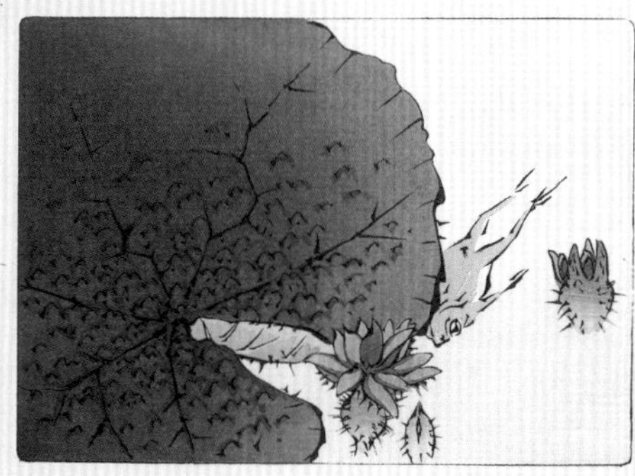

註　『花くらべ』については、是真の次男による『柴田真哉日記』の明治24年11月26日に「夫(それ)より鈴木伊兵衛へ参る。花くらべ五編を進呈す。」の記述があることから、少なくともこの時点では刊行されていたようである。『柴田真哉日記』の記述によると、明治25年の年始に真哉が鈴木伊兵衛へ短冊2枚を年玉として届けており、築地に住む真哉の支援者かと思われる。なお、榛原が編集に関わった『技芸之友』3号(明治38〔1905〕年12月)の巻末広告には「是真翁筆、花競画譜(はなくらべ がふ)十二枚一組各種」と掲載されている。

• 6-4 柴田是真 SHIBATA Zeshin 俳諧摺物（椿） Private print for Haikai

摺物とは、一般への販売を目的としない印刷物で、俳人が年始に自句を披露する「春興」や、役者や文人たちが襲名や引退、追善などにあたり関係者の間で配布したもの。紙や摺を吟味し趣向を競ったものが多く、是真の摺物は人気が高かった(註)。

註　鏑木清方『こしかたの記』中央公論美術出版、1961年

• 6-6 柴田是真 SHIBATA Zeshin
画稿（巻物） Study: Rolled paper

• 6-8 柴田是真 SHIBATA Zeshin
画稿（雀） Study: Sparrows

是真寫
嘉永三歲春

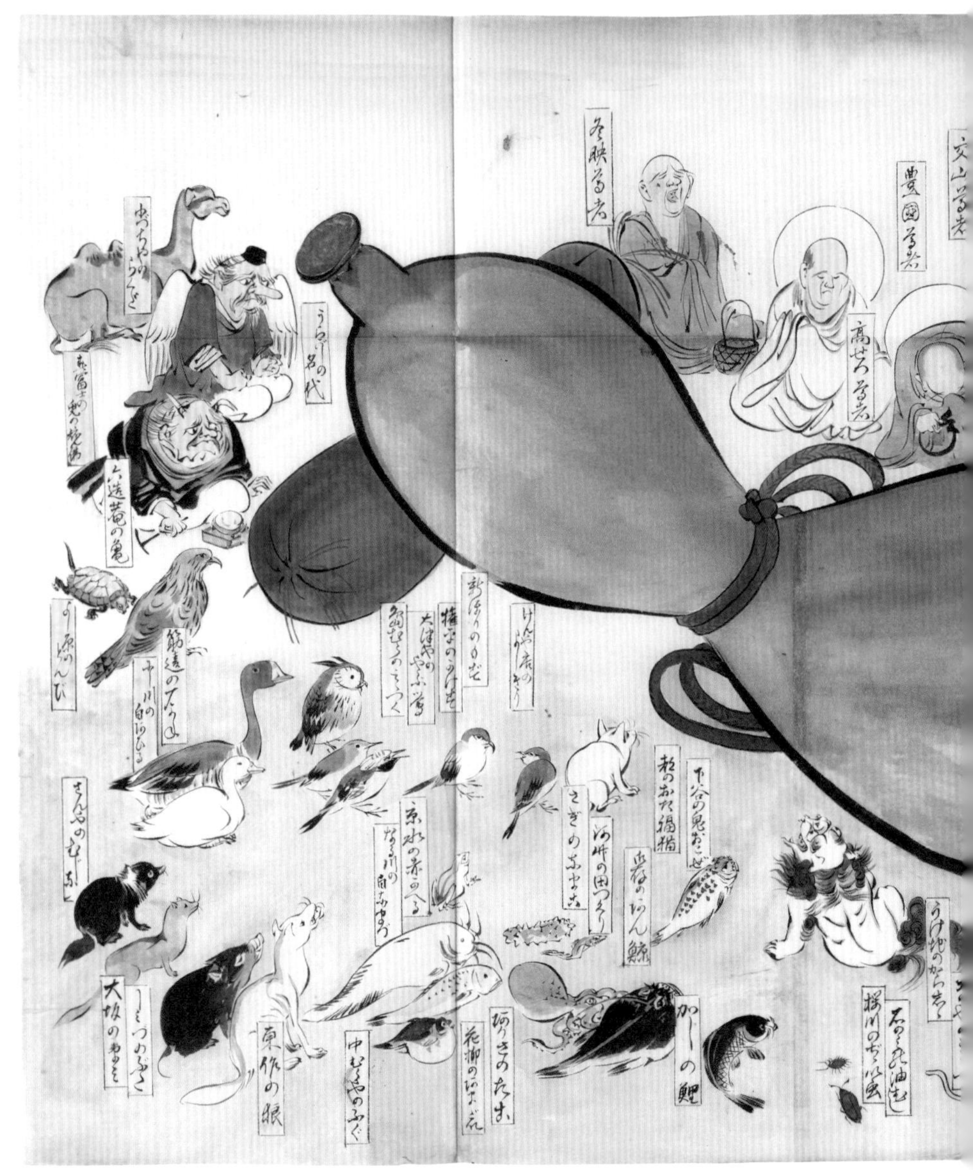

• 6-7 柴田是真 SHIBATA Zeshin

画稿（瓢箪涅槃図・七代目団十郎追善摺物）

Study: Gourds / memorial print for Ichikawa Danjuro VII

この作品には題名が記されておらず、一般の涅槃図にある釈迦の代わりに巨大な瓢箪が横たわっていることから《瓢（瓢箪）涅槃図》の通称で知られる。瓢箪は亡き七代目市川団十郎（八代目団十郎という説もあり）で、贔屓たちや交友があった人々を動物や昆虫、尊者に見立てて描かれている。「けんや店のよしきり」は浮世絵師歌川国芳、「ちく仙の里す」はcat.6-23にも描かれている金屋仙之助を描いたもの。

- 6-9　柴田是真 SHIBATA Zeshin　画稿「紙漉」Study: Kamisuki (making Japanese paper)
- 6-10　柴田是真 SHIBATA Zeshin　画稿「団扇と燕」Study: Fans and swallows

風と雨と燕

• 6-11　柴田是真 SHIBATA Zeshin　画稿（書画会）Study: Meeting for extemporary painting and writing

• 6-12　柴田是真 SHIBATA Zeshin　花瓶梅図漆絵 Lacquer painting of plum blossoms in a vase

6-12｜ 是真が発明したとされる紙の上に漆で描いた「漆絵」。紫檀の板に青磁の壺と梅の枝を描き、木製額がそれを囲んでいるようにみえる。しかし、木製額は木目を模造した木目塗りで、紫檀（したん）の板にみえるのは紙の上に施された紫檀塗りである。本作は三代目榛原直次郎の旧蔵品で、大正10（1921）年『根岸榛原氏所蔵品入札目録』（於東京美術倶楽部）によると、「袋戸」の中の「一枚戸」と記載がされている（註）。是真の特徴といえる「ひねり」を効かせた「だまし」の要素を絵画のみならず漆絵でも発揮した本作品は、是真の代表作として高く評価されている。

註　藤田昇「『根岸榛原氏所蔵品入札目録』中の暁斎筆『弾琴五美女憩いの図』と是真筆『花瓶梅図漆絵』」『暁斎』105号、2011年

参考文献　『ZESHIN―柴田是真の漆工・漆絵・絵画』根津美術館、2012年

• 6-13 河鍋暁斎 KAWANABE Kyosai

掛軸 弾琴五美女憩いの図 Hanging scroll: Five beautiful koto players relaxing

本作は無款だが、描き表装(布による表装ではなく直筆で絵柄を描いたもの)の下絵の存在から暁斎筆と判明した作品。10歳から駿河台狩野派で本格的な修行をした暁斎は、楽央斎休真洞信による粉本を多数所持していた。その中の狩野常信筆《五美人図》をもとに描いた作品(註1)。cat.6-12と同じく、本作品は三代目榛原直次郎の旧蔵品であり、『根岸榛原氏所蔵品入札目録』に掲載されている(註2)。三代目榛原直次郎は、若いときから美術研究に熱心で、大名や旗本、寺院が旧蔵していた書画骨董にふれて見識を広めた。河鍋暁斎とは榛原の商品に使用する画稿を依頼するだけでなく、支援者として創作活動を支えるなど公私にわたるつながりがあった。

註1　河鍋楠美『河鍋暁斎・暁翠伝』KADOKAWA、2018年

註2　藤田昇「『根岸榛原氏所蔵品入札目録』中の暁斎筆『弾琴五美女憩いの図』と是真筆『花瓶梅図漆絵』」『暁斎』105号、2011年

- 6-14 河鍋暁斎 KAWANABE Kyosai 団扇絵 雄鶏図 Uchiwa-e: Cock and flowers
- 6-15 河鍋暁斎 KAWANABE Kyosai 団扇絵 福女 Uchiwa-e: Merry women

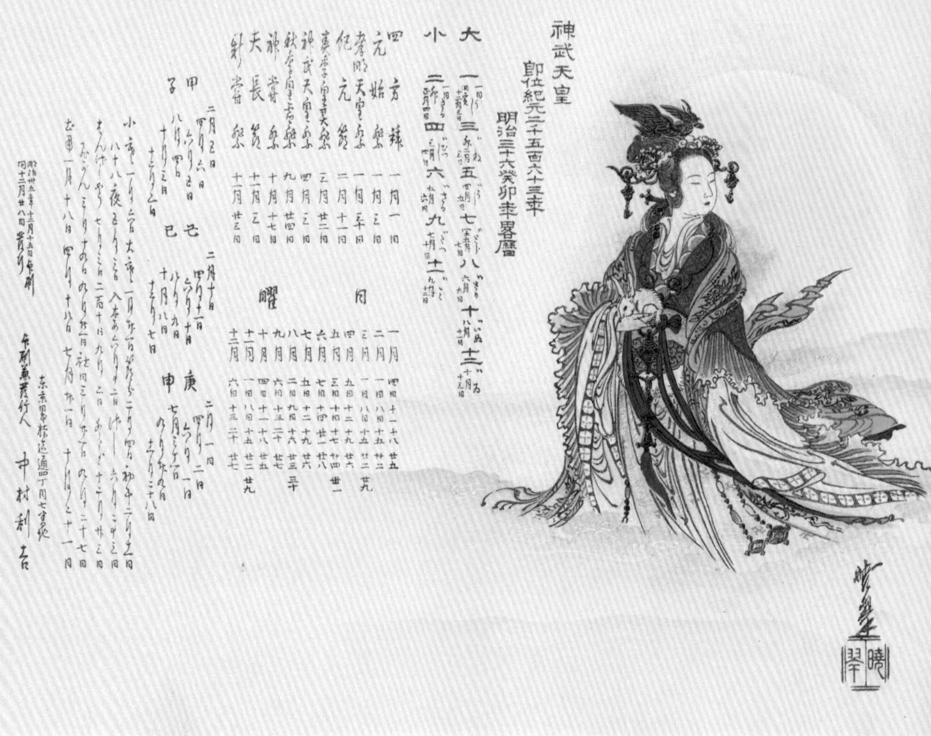

• 6-16 河鍋暁翠 KAWANABE Kyosui 明治三十六癸卯年略暦 Daishoreki calendar of 1903

榛原・金花堂では、新暦採用後も略暦と大小暦を併記した摺物を発行し、年末の挨拶として顧客に配布していた(「大小暦」を参照)。本作品も同種のもので、河鍋暁翠の略暦である。cat.6-16の
7 月を背景に兎を抱いた女神は、不老不死の薬を服用して月へ逃げた嫦娥であろうか。「丙午」の年に
5 むけて製作されたcat.6-17は2月の絵馬に午を配し、12ヶ月ごとの大小月と行事をそれぞれの扇面
6 に描きこむ工夫がされている。暁翠は暁斎を父にもつ明治から昭和にかけて活躍した優れた女流画家。現時点で明治34～39(1901～06)年に暁翠による略暦が製作されたことが確認されている。

• 6-17 河鍋暁翠 KAWANABE Kyosui 明治三十九丙午年略暦 Daishoreki calendar of 1906

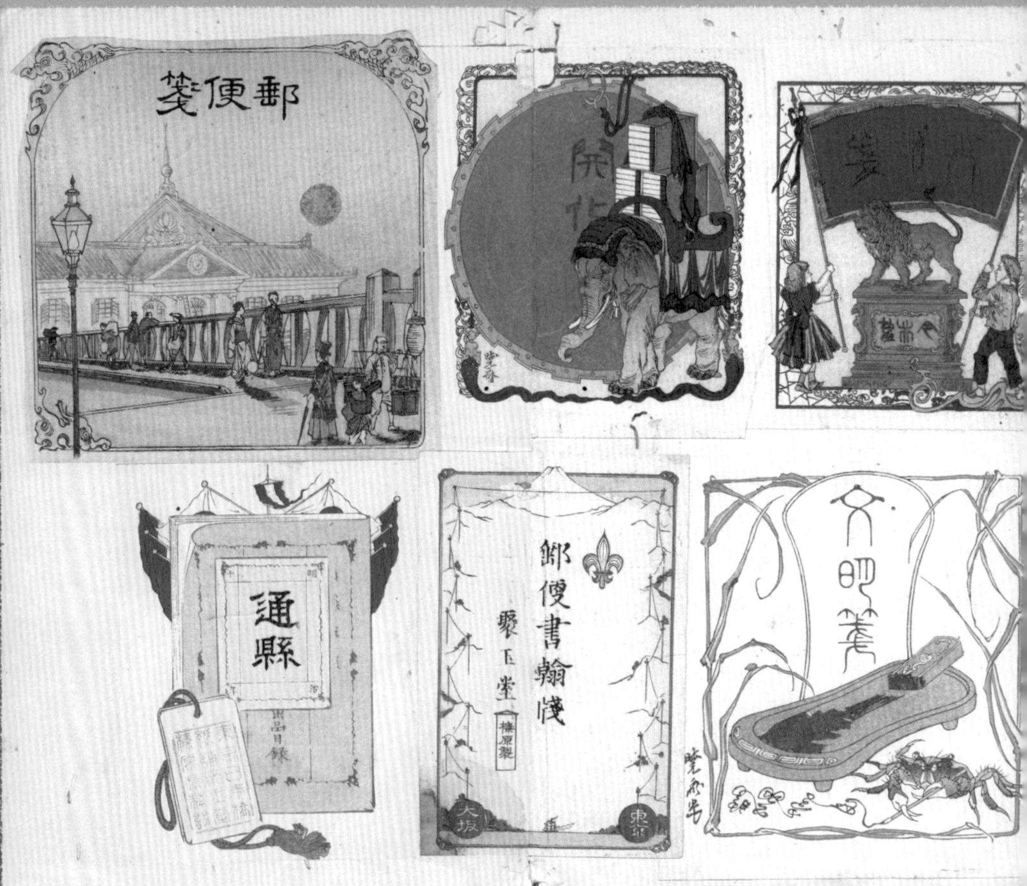

• 6-18 河鍋暁斎 KAWANABE Kyosai
便箋・包装紙等デザイン貼込帖
Scrapbook: Kyosai's letter paper, wrapping paper etc.

暁斎は榛原にさまざまなデザインを提供していたが、それらは千代紙や団扇絵といった直接商品として販売されるものに限らず、熨斗や書簡箋の包みといった無署名の仕事にまで及んでいる。それらの実物はほとんど残されていないが、こうした画帖を通して暁斎の幅広い仕事ぶりを知ることができる。

• 6-19 河鍋暁斎 KAWANABE Kyosai デザイン版画貼込帖 Scrapbook: Kyosai's design scrapbook

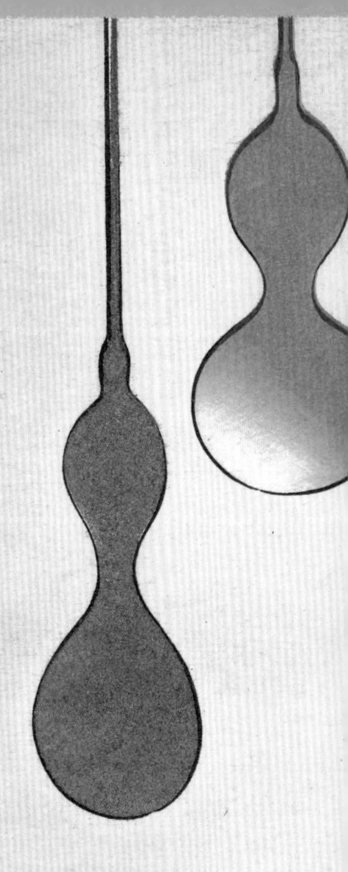

• 6-20 綾岡有真 AYAOKA Yushin 団扇絵 瓢箪 Uchiwa-e: Gourds

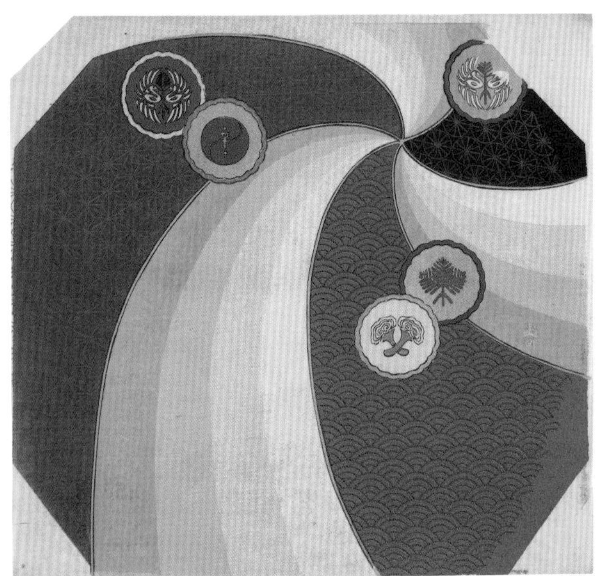

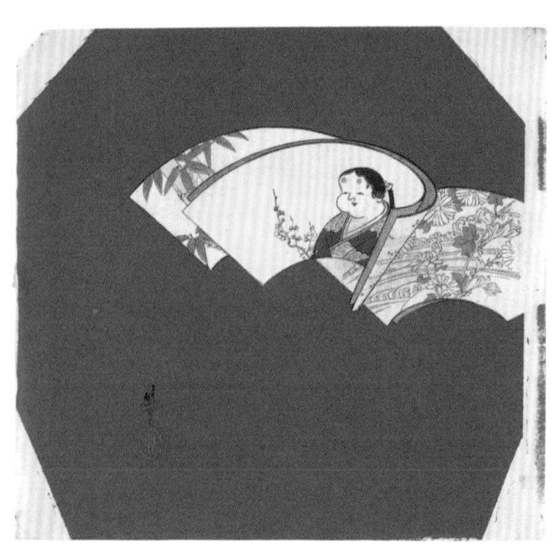

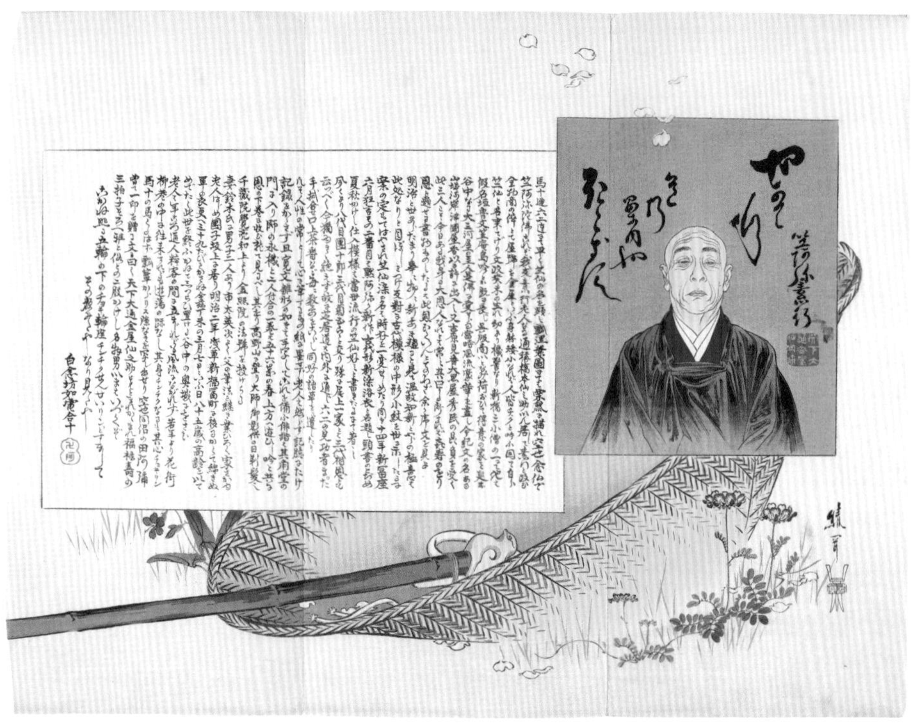

- 6-21 綾岡有真 AYAOKA Yushin
  団扇絵 向かい鶴・松・霊芝 Uchiwa-e: Pair of cranes, pine tree, Ganoderma lucidum
- 6-22 綾岡有真 AYAOKA Yushin
  団扇絵 扇面ちらし Uchiwa-e: Miscellaneous folding fans
- 6-23 綾岡有真 AYAOKA Yushin
  摺物 笠阿弥陀佛 Print: "Kasa-amidabutsu" (memorial print for the founder of Chikusen)

6-23｜ 日本橋にある浴衣・江戸小紋で知られる呉服店「竺仙」の創業者、金屋仙之助（1823～1907）を追悼する摺物。是真の高弟であった綾岡有真が故人の肖像を描き、儒学者大槻如電（1845～1931）が故人の伝記と「竺仙」創業の経緯を記している。金屋仙之助こと本名橋本素行は、文人や役者の支援者としても知られ、市川団十郎家の資料をまとめた『日本市川三筋之巻物』を作成している。榛原では、このような追善や俳句、歌会の催しなど注文に応じてさまざまな摺物を製作していた。

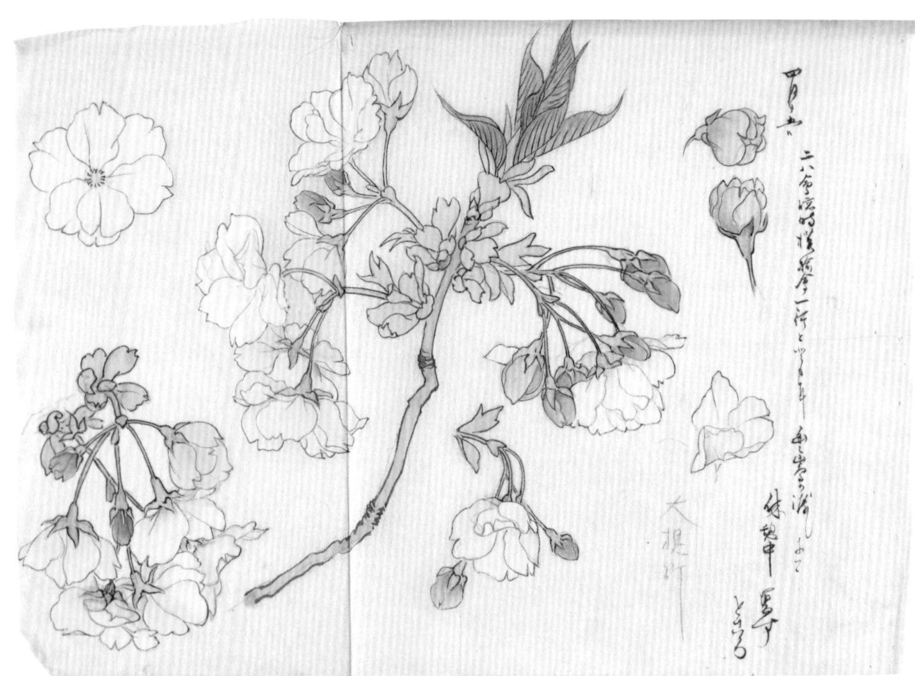

• 6-24 伊藤綾春 ITO Ryoshun 写生画 Sketch

伊藤綾春は、父の綾園とともに綾岡有真の弟子であり棒原に図案を提供する画家であった。綾春は、東京美術学校の学生であった明治33(1900)年頃から機会をみつけては目にした植物を写生しており、日本画科に学ぶ当時の学生の日常が断片的にうかがえる。学校の同輩たちからは花鳥画の名手として一目置かれ、「一日学校を休めば、大枚何円といふ収入のあるといふお腕前」と評されていた(註)。

註 財団法人芸術研究振興財団・東京芸術大学百年史刊行委員会『東京芸術大学百年史 東京美術学校篇』第2巻、ぎょうせい、1992年

桐ヶ谷
別名 御車返し

• 6-25 伊藤綾春 ITO Ryoshun 写生帖『塩ばらの秋』Sketchbook: *Autum in Shiobara*

綾春が東京美術学校を卒業して5年後の明治43(1910)年、三代目榛原直次郎と師の綾岡有真の両名が相次いで他界し、この頃から綾春の身辺にも変化が訪れる。翌年に東京勧業展覧会に出品するほか、綾春の学生時代に東京美術学校で教鞭を執っていた荒木寛畝が主宰する読画会研究会に写生を出品するなど、新しい環境に向けて自ら行動を起こしている。『塩ばらの秋』は、転機の年となった明治43年11月に読画会の社中数名と塩原の観楓を目指して写生旅行へ行った際の写生帖である。美しい風景とともに、旅行中に拾った落葉や旅の記録が収められており、綾春という知られざる画家の人物像がうかがえる資料である。

- 6-26 伊藤綾春 ITO Ryoshun 団扇絵 菊 Uchiwa-e: Chrysanthemums
- 6-28 伊藤綾春 ITO Ryoshun 団扇絵 春の野 Uchiwa-e: A spring field

• 6-27 伊藤綾春 ITO Ryoshun 団扇絵 景 Uchiwa-e: Landscape

綾春(本名 伊藤豊吉)は、大正8(1919)年に稜春に改号し、さらに晩年には瞭春の号も使用していた。この団扇絵には綾春の印章が使用されていることから、改号以前の作品と思われる。綾春は榛原の仕事のひとつとして帝国ホテルの記念品のためのデザインも手がけており、色違いの異版(cat.3-49)もそうした関連で製作された可能性が高い。本作は19世紀末にドイツ語圏で流行したユーゲントシュティール(Jugendstil)を思わせるデザインで、幅広い注文に応えた綾春の守備範囲の広さに驚かされる。

• 6-29 伊藤綾園 ITO Ryoen 団扇絵 月下の菊 Uchiwa-e: Chrysanthemums under the moon

• 6-31 竹久夢二 TAKEHISA Yumeji 木版絵 竹 Print: Bamboo

• 6-30 竹久夢二 TAKEHISA Yumeji 木版絵 梅 Print: Plums

竹久夢二が大正3(1914)年10月に開いた「港屋絵草紙店」は、日本橋呉服町(現在の中央区八重洲1丁目付近)にあり、萬町の榛原とはさして遠くない場所に位置していた。夢二と榛原の接点は、現存する資料では大正2年4月に夢二が榛原の番頭竹内義治氏に宛てたはがき(註)が最も古く、このときすでに団扇のデザインを披露するやりとりが記載されている。高い人気があった夢二商品は「港屋絵草紙店」だけでなくいろいろな版元を通して製作され、夢二グッズを待ち焦がれる人々の手に届けられた。cat.6-30、6-31、6-32は季節を代表する古典的な題材である梅・竹と、西洋風の画題である葡萄を描

いた木版絵。中央に大きくひとつのモチーフを配置していることから、鑑賞を前提とした一枚絵と思われる。夢二と協働し、新たな商品を生み出した四代目榛原直次郎は、旧高等師範学校卒業後にアーネスト・フェノロサや岡倉由三郎（岡倉天心の実弟）に英語を学び、柴田是真の次男である柴田真哉に絵画の手ほどきを受けるなど、近代の文化人たちの薫陶を受けた人物であった。経営を引き継いだのちは、従来の画壇に属する画家だけでなく、積極的に才能ある画家たちに仕事を依頼し彼らを支援した。

註　大木優子「和紙舗『榛原』と竹久夢二」『増補版 金沢湯涌夢二館収蔵品総合図録』公益財団法人金沢文化振興財団金沢湯涌夢二館、2021年

• 6-32 竹久夢二 TAKEHISA Yumeji 木版絵 葡萄 Print: Grapes

• 6-33 竹久夢二 TAKEHISA Yumeji 団扇絵 菱 Uchiwa-e: Trapa japonicas

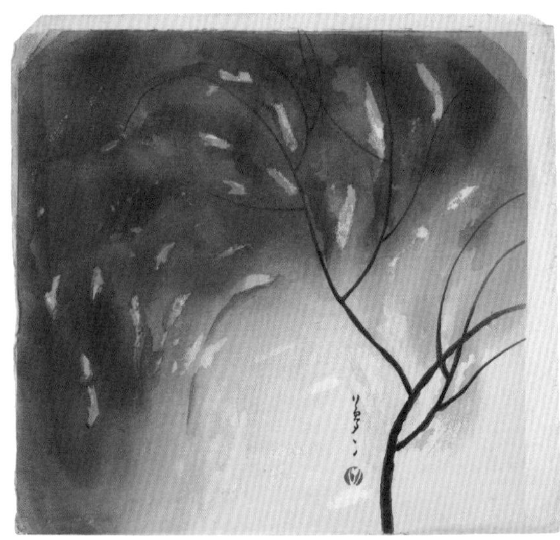

• 6-34 竹久夢二 TAKEHISA Yumeji 団扇絵 柳 Uchiwa-e: Willow

• 6-35 竹久夢二 TAKEHISA Yumeji 団扇絵 木 Uchiwa-e: Tree in the wind

• 6-36 竹久夢二 TAKEHISA Yumeji 団扇絵 蒲公英（たんぽぽ） Uchiwa-e: Dandelion

三代目榛原直次郎と
その周辺の画家たち

富田智子
三鷹市美術ギャラリー学芸員

明治時代前半は、西欧列強に追いつくため、国策として殖産興業政策を行った時代である。それに付随する国家整備の一環として、政府が「美術」という言葉と概念を西洋から移植し、美術の制度化が進められた時代でもあった(註1)。ほかの時代にはみられない国家主導の政治体制と美術の複雑な関わりのなかで、榛原の当主を務めた三代目榛原直次郎(本名 中村平三郎、生年1846、在職1861～1910)は、なぜ龍池会という団体に関わることになったのか。本稿では当時の美術が置かれていた状況や社会的な背景を振り返りながら、三代目榛原直次郎とその周辺の画家について追ってみる。

嘉永4(1851)年、ロンドンで開催された最初の万国博覧会を皮切りにして「博覧会の時代」が到来する。欧米各国で盛んに開催され始めた万国博覧会は、従来の物産展の枠を超え、自国の文明の水準を表現する場として各国が競い合った。情報収集と自国の商品を喧伝する好機として、日本政府は明治6(1873)年のウィーン万国博覧会に初めて参加する。工業が未熟であった日本からは、銅やお茶、生糸をはじめとする鉱物･農産物のほか、精巧な技術でつくられた工芸品が出品された。それらは江戸以前の古美術品と、近代産業としての工芸の2種類があり(会場では混在)、後者に属する榛原も、雁皮紙や襖紙見本などの和紙製品を出品している(註2)。大型の展示品が陳列された日本の会場は、初めて日本の文化を目にした欧米人の好奇心を大いに刺激し、日本ブームへとつながっていく。

ウィーン万国博覧会での成功は、榛原のように産業として日本固有の工芸を手がける組織にとって強い追い風となった。製造と輸出の両方に対応できる会社は、政府にとって殖産興業政策を進める上で重要な存在であり、この時期には起立工商会社など輸出向けの会社も多く設立されている。政府からの要請を受け、榛原は海外で催される万国博覧会や内国勧業博覧会、地方博覧会に積極的に参加し、そこで次々に高位の賞を獲得する。それらの成功の要因には、一時期のブームにのった輸出向け工芸品とは明らかに性格を異にする、榛原が前時代から培ってきた高品質な製品へのこだわりと、欧米にも通用する芸術性の高いデザインを手がけた画家たち──柴田是真、河鍋暁斎──の存在が大きかったと思われる。

直次郎はこの柴田是真、河鍋暁斎というふたりの画家の作品を愛好し、商品の画稿を依頼するだけでなく、彼等の作品をほかの支援者と競うようにして蒐集したことが知られている。また、それらの作品を国内外の博覧会に出品し、世界の舞台へ送り出す一助を果たしていた。

暁斎については、本郷大根畑(安政4〔1857〕年から居住)に住んでいた頃、榛原と同系列店である金花堂からの依頼で正月の絵や色紙、短冊をよく描いたことと、本町一丁目の今井の紹介で金花堂の仕事を得たこと、さらに毎年描いていたそれらの絵に狩野派の署名をする訳にいかず暁斎の号をつけていたことなどが、娘である暁翠から伝え聞いた記録にある(註3)。また暁斎は金花堂の主人に見込まれ、最初期の版本作品である『狂斎画譜』(万延元年)、『絵本鷹かがみ』(文久3年)の画を担当している。暁斎が上記2冊を刊行した時期は、金花堂の当主を初代榛原直次郎の長男(三代目中村佐助)が継承しており、これは三代目直次郎の兄にあたる。暁斎は時折榛原の店に現れ、酒を飲みながら摺物の下絵を描くことがあり、気が向かないときは1枚も描かず帰ることがあったが、榛原では同様に一定の謝礼を支払っていた逸話が残っている(註4)。暁斎が明治3(1870)年頃から書き綴った『暁斎絵日記』にも、榛原や金花堂の店先や主人の似顔絵がたびたび描かれており、暁斎研究の視点からも榛原直次郎との関係について注目されている。

是真については、最初の接点は明らかではないが、是真の次男である柴田真哉が残した『柴田真哉日記』(註5)には明治13(1880)年1月を起点として直次郎および榛原に関する記述が頻繁に現れる。直次郎は自ら茶会を催すほか、「聚図会」(註6)という内輪での観古美術会のような会を企画するなど社交性と行動力をもち合わせた人物であった。同書には是真をはじめ長兄の令哉、真哉がそうした茶会に出席した記録や、真哉が毎月聚図会に出席し茶の稽古をした記述、直次郎を含めた榛原の関係者と真哉と是真の門人たちが箱根·伊豆方面を旅行した内容などが綴られており、是真一門と榛原の懇意な間柄がうかがえる。また、池田真亭が記した回顧録(註7)によると、直次郎は是真の住居にも足繁く通いふたりの交わりは美術のことに限らず、事業の相談にまで及ぶ肝胆相照らしたものであったと記されている。

ウィーン(1873年)、フィラデルフィア(1876年)と続いた万国博覧会での成功は、明治10年代になると早くも状況に変化が現れる。明治11(1878)年のパリ万国博覧会を境にして、伝統的な古器物と現代の産業としての工芸品を厳密に区別し、それらの品質についても吟味が求められた。そうした西洋の要望に応えるべく、国内では輸出目的で製作された粗悪な新作工芸品を廃し、一時期極端な欧化政策を受け表舞台から排除されていた伝統的な古器物や絵画の価値を見直す気運がもたらされた。この流れを受け、明治10年代には内国勧業博覧会等で旧来の日本美術の出品が復活し、江戸以来の画派や古器物を保護しようとする動きが生まれる。龍池会は、その

ような古美術保護と伝統美術の復活を目的として明治12(1879)年に設立された組織であった。発足メンバー19名のうち大半が大蔵省官僚や内務省官僚、半官半民の貿易商らが占め、会頭にはウィーン万国博覧会の事務局副総裁をつとめた殖産興業政策の主導者である佐野常民が就任した。殖産興業政策のため設置された政府の外郭団体という位置づけである(註8)。

直次郎は明治13年6月の時点ではすでに柴田是真とともに龍池会会員に加わっており(註9)、こうした極めて早いタイミングでの入会の背景には、佐野常民など中心メンバーからの要請が推察される。明治16(1883)年には委員に選定され、その翌年には発起人のひとりである若井兼三郎(起立工商会社)とともに明治17年に開催した第2回巴里府日本美術縦覧会に尽力するなど、同会の実働部隊のような役割であったと思われる。ただ、この巴里府日本美術縦覧会は、龍池会が主催し日本美術の売り込みを目的としてパリのシャンゼリゼで2回にわたり開催されたが、粉本主義により硬直した旧来の日本画は西洋人にとって魅力に乏しく、期待した成果が得られなかったようである。こうした事業への関与と苦い経験を通して、直次郎がアーネスト・フェノロサや岡倉天心が唱える新しい日本美術創造へ関心を抱く一因となった可能性がある。龍池会は明治16年に規則改正を行い、積極的な展覧会開催と作家の取り込みを始めた結果、同17年には359名に急成長を遂げ、しだいに国粋主義的傾向を強めながら明治日本画壇における一大勢力を形成していく。

明治時代前半の日本画壇において、龍池会とならび注目すべき団体が明治17(1884)年に発足した「観画会」である。東京大学に招聘されて明治11(1878)年に来日していた米国人アーネスト・フェノロサ(1853～1908)は、龍池会で『美術真説』を唱え、伝統的な日本美術の西洋美術に対する優位性を説くなど一時期龍池会のブレーン的存在であった。彼の教え子であった岡倉天心(1863～1913)も同会に参加するが(明治17年入会)、やがて新しい時代に即した新日本画の創造をめざして龍池会から分裂し、新たに観画会を設立する。このフェノロサと岡倉天心の登場により、それまで龍池会ほぼ一択であった明治日本画の勢力は、新旧の二大潮流へと分裂する。いわゆる新派となった観画会は、東京美術学校設立というかたちで発展的解消を遂げ、後年の日本美術院へと継承される。一方の龍池会は明治20(1887)年12月に日本美術協会に改称し、いわゆる旧派として画壇での勢力を保つことになる。

その分裂に際し、観画会の指導者たちは東京美術学校に吸収され、旧観画会の若手画家たちはやむなく日本美術協会に属するという状況が生じる。やがて日本美術協会の保守的な姿勢に飽き足らなくなった青年画家たち──柴田真哉(柴田是真の次男)をはじめ、寺崎広業、梶田半古など(註10)──は、明治24(1891)年に岡倉天心を会頭に迎え日本青年絵画協会を結成する。

この日本青年絵画協会発足にあたっては、画家の川端玉章が彼等を援助し事務所として自邸を提供するほか、直次郎が資金面で支援を行ったとされ、『柴田真哉日記』からその部分を抜粋する。(明治24年10月18日)「有真(筆者註:綾岡有真)曰く、中村直次郎の発意にて日本青年絵画協会にて開設すべき展覧会にハ古画参考品を添へては如何との事なりと。もしも、是に同意と在らば金百円位の寄付ハすべきとの事なり」。

直次郎からは「古画参考品の展示を加える」という条件付きでの申し出であり、この条件が何を意図するものかは定かではない。が、龍池会初期から会員としてその活動に関わってきた直次郎が、岡倉天心の勢力下に移ろうとする龍池会員たちに高額の金銭的支援を申し出ている。またこれとほぼ同じ頃、直次郎は長男の真太郎(のちの四代目榛原直次郎)の英語教育をフェノロサや岡倉由三郎(岡倉天心の実弟)に依頼し(註11)、翌年(明治25年)には柴田真哉に真太郎を入門させるなど、公私の面で新派の指導者・画家たちと積極的な交友を結んでいる。榛原には、ここで名前が挙がった柴田真哉ほか、寺崎広業や梶田半古、新派といわれる画家が手がけた団扇絵などが所蔵されており、それぞれ製作の時期やいきさつは不明だが、その後も新派に属する作家たちとの活発な交流が続いたことが察せられる。

榛原では、江戸に始まり、明治・大正・昭和にかけて活躍した画家たちに団扇絵や絵短冊、封筒などの画稿を依頼しており、今回の展覧会ではその中から一部の作品を紹介している。それらの多くは商品として販売され、個別の製作年などの記録はほとんど残されていないが、概観したところ観画会(日本美術院)、日本美術協会さらに京都画壇に属する画家に至るまで広く網羅されている。これは龍池会への参加によって日本の美術団体の創成期に深く関わり、それぞれの画家たちと直接の交流を経た三代目榛原直次郎の軌跡を語る作品群といえる。

最後に、明治時代の榛原においてもうひとりの重要な画家である綾岡有真(1846~1910)について触れておく。是真の高弟であった綾岡有真(本名は池田房吉)は、父もまた是真に絵を学び池田綾岡(本名は池田輝松)を名乗る画家であった。輝松は奈良屋という呉服店を営む豪商であったが家業が傾いたのちは絵筆が生計の助けとなり、綾岡の号で版画の下絵を描き、榛原や今井の店の仕事などを手がけた。晩年には数寄屋町にあった榛原の蔵の管理をしながらそこに居住していた(註12)。房吉こと有真もその生涯を数寄屋町で過ごしており、『柴田真哉日記』の記述では、有真が榛原側に近い存在であることを示している点から(註13)、有真にもそうした環境が引き継がれていた可能性が高い。

有真は榛原のために千代紙をはじめ団扇絵、絵短冊など多岐にわたる分野で下絵を手がけており、その多くが古典的な模様や文学的なモチーフで描かれている。今回は残念ながら紹介することが叶わなかった榛原の襖紙については、明治時代前半は柴田是真と綾岡有真がそれらの揮毫にあたり、主に明治から大正時代に至る2、30年の間は綾岡有真が図案を描いていた(註14)。襖紙の実物および版木のほとんどが震災や戦火で焼失したため、当時の図様やその全容を知ることは困難だが、古今を通して最も襖紙の製造が全盛を極めた明治大正時代(棒原直次郎『随筆からかみ』棒原商店編)に、有真が榛原内部で果たした役割は重要であった。明治10(1877)年第1回から第3回まで内国勧業博覧会の審査員を務めたという経歴のほかに、「榛原商店の意匠部を担当して、常に奇抜の図様を案出して有名」(註15)であったことから、伝統的な画家というよりも、そのあり方はむしろ榛原の仕事を通して自らの創造性を発揮することができた商業デザイナーに近い存在であったのかもしれない。書にも長けており、榛原本店の店先に掲げられる暖簾「雁皮紙」の文字を明治初期から十数年間揮毫していたのも綾岡有真であった。有真と直次郎は同じ年に生を受け、同じ明治43(1910)年に没するという縁でも結ばれており、明治という激動の時代を乗り越えた直次郎と、榛原の意匠を内側から支えた綾岡有真という画家がいたことを記して、この文章の結びとしたい。

註

1 北澤憲昭『眼の神殿』美術出版社、1989年/佐藤道信『〈日本美術〉誕生 近代日本の「ことば」と戦略』筑摩書房、2021年
2 田中芳男『ウィーン万国博覧会十一区(紙並紙製品、原質製造器具、文房具)目録』
3 篠田鉱告「父暁斎を語る—亡暁翠女史の遺語」『邦画』1(1)、邦画社学而書院、1936年
4 池田真亭「はいばらの思ひ出を語る(一)/美術家と榛原と」『互研』再刊第2輯、互研会(榛原商店内)、1930年(初版は1918年頃)。明治期の榛原と画家たちにまつわる回顧録。筆者の池田真亭は画家で、柴田是真門人であった綾岡有真(池田房吉)の子。
5 『柴田真哉日記』は是真の次男である柴田真哉(安政5~明治28〔1858~1895〕)による日記。文久3(1863)年から明治27(1894)年12月までの日常に関連する記録が綴られている(特に記載のない時期もあり)。活字化されたものが鹿島卯女編『柴田真哉 開化期の異色画家』(鹿島出版会、1978年)に収録されている。
6 『柴田真哉日記』明治15年1月8日「榛原へ参る。此日より毎月八日にハ絵画を聚め茶を煮て遊ハんと予てよりの主人の計画なり。仍て会名を聚図会と称して発会す」。同日記の記述から、明治17年頃までは継続されたようである。
7 註4に同じ。
8 活動内容は、当初は月1回の常会と各自所蔵の美術品を持ち寄り互評と研究が行われていたが、明治13(1880)年に政府(農商務省)が開催した観古美術会を第2回目から引き継ぎ、以降を龍池会が継続開催することになる。
9 添田達嶺『芸術』第5巻、第22号、大日本芸術協会、1927年
10 参加者は柴田真哉、寺崎広業、邨田丹陵、山田敬中、梶田半古、小堀鞆音、尾形月耕、床司竹真、松野霞城、福井江亭、久保田米僊、岡倉秋水、瑞館紫川、村上委山、水野年方、島崎柳塢
11 中村直次郎『随筆からかみ 日本障壁画よもやま話』榛原商店、1963年
12 鷹見安二郎「湯島の奇縁氷人石の建設者」『東京史話』市政人社、1940年
13 明治16(1883)年9月11日、真哉が榛原の家族を含む関係者とともに箱根旅行へ出発する際、「榛原一行」の中に榛原夫婦、ほかの家族、使用人、親戚と同列で「池田綾岡」(有真)の名が記されている。
14 中村直次郎「日本のからかみ」『帝国工芸』3(12)、1929年12月
15 明治編年史編纂会編『新聞集成明治編年史』第14巻、財政経済学会、1936年

その他の参考文献

東京国立博物館・大阪市立美術館ほか編『世紀の祭典 万国博覧会の美術』NHK・NHKプロモーション・日本経済新聞、2004年

Haibara Naojiro III
and
Surrounding Artists

Tomita Satoko
Curator, Mitaka City Gallery of Art

The first half of the Meiji era was a time when the Japanese government implemented industrial development policies to catch up with leading Western countries, along with national adjustments, for which it promoted the import of the term "art" and its concept from the West, and the institutionalization of art. So why was it that the third-generation Haibara Naohiro (born 1846, in office 1861–1910), the head of Haibara at the time, got involved in an association like the Ryuchikai? While reviewing the general situation of art and social contexts during his tenure, the following text examines the activities of Haibara Naohiro III and the artists that were surrounding him.

The world expositions that started as a new trend in America and Europe, were transcending the boundaries of conventional product fairs, inspiring a competition between different countries that used such expositions as stages for promoting their respective culture. The Japanese government first decided to participate in the Vienna World's Fair in 1873, as an opportunity for gathering information and at once promoting domestic product. Still industrially undeveloped at the time, Japan was represented by technically elaborate artifacts.

The successful presentation at the Fair was highly encouraging for industrial manufacturers of Japanese traditional crafts such as Haibara. For the government, companies that could deal with production and export alike were important vehicles for promoting new industrial development policies, and many such companies were newly launched at the time. Responding to the government's request, Haibara participated in international expositions overseas, as well as in domestic industrial fairs and local expositions, where they went on to collect various prestigious awards. Compared to the short-lived boom of artifacts made for export, the reasons behind Haibara's success were of a quite different nature. The company's products were reflecting a special attention to well-honed technique and careful manufacturing, while artists like Shibata Zeshin and Kawanabe Kyosai played a central role by providing designs with a highly artistic appeal also in Western terms.

Naojiro was a fan of Shibata and Kawanabe, and while commissioning them to create designs for his company's products, he built a reputation as an eager, almost competitive collector of their works. In addition, Naojiro also helped take these works to the international stage by showing them at expositions in Japan and abroad.

The 1878 Paris Exposition introduced a strict division into traditional and antique craft, and contemporary industrial product, which required close examination in terms of quality when selecting items. In order to meet such Western standards, the trend of low-quality industrial goods made in Japan for export was abolished, which paved the way for a reevaluation of the traditional paintings and antiquities that the reinforced westernization policies had temporarily cleared from the stage altogether. As a result, conventional Japanese art made a comeback at domestic industrial fairs in the years around 1880, and movements to preserve post-Edo period painting and antique art emerged. The Ryuchikai was established in 1879 with the aim of preserving and reviving such old and traditional art forms, installed by the government as an affiliated organization as part of the new industrial development policy.

Naojiro joined the Ryuchikai alongside Shibata Zeshin before June 1880, and it is inferred that the early timing of their membership was due to requests from Sano Tsunetami and other central Ryuchikai members. Naojiro was chosen as a committee member in 1883, and went on to function as something like an executive workforce for the organization.

Following a revision of regulations in 1883, the Ryuchikai constituted a major force in the painting circles of Meiji era Japan, while gradually fortifying its nationalistic tendencies.

Next to the Ryuchikai, another noteworthy organization related to Japanese painting in the latter half of the Meiji period was the Kangakai, established in 1884. In 1878, American Ernest Fenollosa (1853–1908) visited Japan on invitation from the University of Tokyo. His pupil Okakura Tenshin (1863–1913) also joined the Ryuchikai (in 1884), but left again in order to establish a new, more up-to-date form of Japanese painting, resulting in the foundation of the Kangakai. In other words, the appearance of Fenollosa and Okakura led to a division into two major currents—old and new—within the realm of Meiji era Japanese painting, where the Ryuchikai had been more or less the only force up to that point. The Kangakai, representing what came to be known as "shinpa (new school)," dissolved into a new organization in the form of the Tokyo Bijutsu Gakko (Tokyo Fine Arts School), which later evolved into the Nihon Bijutsuin (Japan Art Institute). The Ryuchikai was renamed "Japan Art Association" in December 1887, and continued to focus on the preservation of old-school painting.

Naojiro, who had been involved in the Ryuchikai's activities from the early days, offered high pecuniary aids to Ryuchikai members under Okakura's influence who considered switching. Around the same time, Naojiro requested Fenollosa and Tenshin's brother Okakura Yoshisaburo as English teachers for his oldest son Shintaro (who became the fourth-generation Haibara Naojiro), and in 1892, had Shintaro study under Shibata Shinsai—two examples of how he was establishing friendships with the leaders and painters of the shinpa school in both private and professional life. Among others, the collection of Haibara includes uchiwa-e by the likes of Shibata Shinsai, and also painters associated with shinpa such as Terasaki Kogyo and Kajita Hanko, and while their respective time of creation and other circumstances remain unknown, these items suggest that the active exchange with shinpa artists continued.

At Haibara, designs for uchiwa-e, tanzaku, envelopes and other items were commissioned to painters who were active across the Edo, Meiji, Taisho and Showa eras, a number of which are showcased at this exhibition. Many of them were sold as general merchandise, which is why most of them do not come with any information regarding the year of production, but a general view shows that products widely cover members of the Kangakai (Nihon Bijutsuin) and Japan Art Association, and also painters from the Kyoto art circles. They can thus be understood as documents that graphically tell the story of the third-generation Haibara Naojiro, his involvement with Japanese art associations from the very beginnings as a member in the Ryuchikai, and his direct interchange with painters from various schools.

At this point, I would also like to mention Ayaoka Yushin (1846–1910), another artist who played an important role for Haibara in the Meiji period.

As he was famous as a "head of Haibara's design department who continuously came up with original designs," rather than being a traditional painter, his position was perhaps more akin to that of a commercial designer whose work for Haibara was an opportunity for him to demonstrate his creativeness. Let me conclude this text by referring to Ayaoka Yushin as a painter and a pillar that was supporting Haibara's design from the inside.

作家略歴（五十音順）

綾岡有真
AYAOKA Yushin

弘化3～明治43（1846～1910）年

江戸生まれ。池田綾岡（池田輝松、通称は奈良屋吉兵衛）の長男。姓は池田、通称は房吉。柴田是真に師事し、花鳥画を得意とした。父の画号を継ぎ二代目池田綾岡の号も使用。明治10（1877）年第1回から第3回まで内国勧業博覧会の審査員を務めている。榛原では柴田是真とともに襖絵の仕事を手がけるほか、多岐にわたる商品のデザインに関与した。

伊藤綾園
ITO Ryoen

？～昭和7（？～1932）年

出身地不明。本名は貞治郎。晩年に稜園と改号。綾岡有真に師事し、榛原に数点の団扇絵が存在する。「櫻二堂」の印を使用。

伊藤綾春
ITO Ryoshun

明治14～昭和7（1881～1932）年

東京生まれ。父は伊藤綾園。本名は豊吉。綾岡有真の門人。明治38（1905）年東京美術学校日本画科卒業。明治43年頃から南北合派の荒木寛畝の読画会に参加、大正9（1920）年読画会幹事となる。大正4年第9回文展において《春暖》初入選。榛原の意匠部顧問を務めた。大正8年に稜春、昭和5（1930）年に瞭春と改号する。

（二代）歌川国明
UTAGAWA Kuniaki II

天保6～明治21（1835～1888）年

出身地不明。本名は平沢斧二郎。一鳳斎、鳳斎の別号がある。初代歌川国明の弟。弘化4（1847）年から三代目歌川豊国に入門し、嘉永（1848～1854年）頃から役者絵、相撲絵、風俗画を描く。蜂須賀家の養子となり、明治以降は蜂須賀国明と称して西南戦争の錦絵などを描いた。

太田秋民
OTA Shumin

明治14～昭和25（1881～1950）年

福島生まれ。本名は益三郎。福島中学校卒業後、明治37（1904）年に東京美術学校日本画科に入学、荒木寛畝に師事した。在学中から寛畝が主宰した読画会に参加し、大正6（1917）年第11回文展に初入選。以後、官展にて活躍。昭和6（1931）年第12回帝展で帝展推薦となり、以後無鑑査出品。

小川芋銭
OGAWA Usen

慶応4～昭和13（1868～1938）年

江戸生まれ。幼名は不動太郎、のちに茂吉。明治13（1880）年頃画塾彰義堂で洋画を学ぶ。政治家尾崎行雄の推挙を得て明治21年から『朝野新聞』のスケッチや挿絵を描く。もとは常陸国牛久藩（現茨城県）の大目付であった父の命で明治26年に牛久に戻り、以後は農業に従事する。農業の傍ら明治29年頃から『茨城日報』に漫画を送り、次いで『いはらき新聞』に投稿。幸徳秋水の知遇を得て明治37年から『平民新聞』に漫画を送る。絵の傍ら俳人としても活動し、俳誌『ホトトギス』の挿絵・表紙を描く。独学で日本画も継続し、大正4（1915）年に平福百穂、川端龍子らが結成した珊瑚会に加入、同展に出品した作品が横山大観に認められ、大正6年に日本美術院同人に推挙される。以後は院展で牛久の自然を題材にした作品を発表し、近代を代表する文人画家として多くの作品を残した。

梶田半古
KAJITA Hanko

明治3～大正6（1870～1917）年

東京下谷生まれ。本名は錠次郎。幼少期から画を得意とし、鍋田玉英や石井鼎湖に師事する。父の逝去により修行を中断し、家族を養うため起立工商会社に入社して工芸品の下絵を描く。同僚であった鈴木華邨から教えを受けながら南北合派や諸大家の作品に学び、明治19（1886）年東洋絵画共進会で褒状受賞。明治24年日本青年絵画協会の結成に際し、発起人のひとりとして参加。以後同展に出品を重ね、明治29年日本絵画協会に改称したのちは同協会評議員となる。明治31年日本美術院創立後は同会特別賛助会員となって活躍。新聞挿絵も数多く手がけた。

鏑木清方
KABURAKI Kiyokata

明治11～昭和47（1878～1972）年

東京生まれ。本名は健一。13歳のとき、月岡芳年の門人である水野年方に入門。元戯作者でジャーナリストであった父が経営する『やまと新聞』に明治27（1894）年から挿絵を描き始め、地方新聞や諸雑誌などの挿絵を手がける。それと並行して明治30年第2回日本絵画協会展に初出品し、以後も同会に出品。挿絵の仕事を通じて尾崎紅葉や泉鏡花らと交友する。明治34年鰭崎英朋、山村耕花らとともに烏合会を結成、浮世絵の伝統を継ぐ新たな風俗画の創出を試みた。明治42年第3回文展に初入選し、この頃から肉筆の制作に比重を移す。大正5（1916）年に結城素明、平福百穂、松岡映丘らと金鈴社を結成。昭和2（1927）年第8回帝展に出品した《築地明石町》により帝国美術院賞を受賞。昭和19（1944）年帝室技芸員となり、同年新文展の審査員に就任。昭和29年文化勲章受章。

河合卯之助
KAWAI Unosuke

明治22～昭和44（1889～1969）年

京都生まれ。父は陶工初代瑞豊。最初日本画を学び、明治44（1911）年京都絵画専門学校を卒業。大正5（1916）年自刻木版画集『伊羅保』を出版、大正11、13年陶芸研究のため朝鮮を旅行し色絵の技法を完成させる。昭和3（1928）年に京都向日町に向日窯を開設し、同8年に押葉陶器の特許を受ける。昭和12年パリ万国博覧会に出品、同14、15年ニューヨーク・サンフランシスコ万国博覧会に出品、同18年『窯辺陶語』を出版。戦後は向日窯を再建して作陶を続けた。生涯を通して団体展に参加せず、在野にて独自の道を歩んだ。

川合玉堂

KAWAI Gyokudo

明治6～昭和32(1873～1957)年

愛知生まれ。本名は芳三郎。京都へ出て四条派の流れを汲む望月玉泉、幸野楳嶺に入門。同門の竹内栖鳳らと研鑽を積む。その後日本青年絵画協会、日本美術協会、京都市美術工芸品展などに出品。明治28(1895)年第4回内国勧業博覧会で橋本雅邦の作品に感銘を受け、翌年上京して雅邦に師事する。明治31年岡倉覚三(天心)、雅邦、横山大観らが創立した日本美術院に当初より参加。明治33年頃から長流画塾を主宰。明治40年第1回文展の審査員に任命される。大正4(1915)年から東京美術学校日本画科教授、大正6年帝室技芸員に任じられ、日本画壇の中心的存在のひとりとなる。昭和6(1931)年フランス政府からレジオン・ドヌール勲章を授与される。昭和15年文化勲章受章。

川北霞峰

KAWAKITA Kaho

明治8～昭和15(1875～1940)年

京都生まれ。本名は源之助。幸野楳嶺、菊池芳文に師事し、明治40(1907)年京都市立美術工芸学校教諭となる(1930年まで)。明治40年第1回文展で3等賞受賞以後、文展および帝展に出品し、受賞多数。大正13(1924)年帝展で審査委員となる。昭和2(1927)年蒼穹社画塾を興し後進を指導。四条派の瀟洒な画風からのちに鮮やかな色彩へと移行し、山岳を主題にした風景画を得意とした。

川瀬巴水

KAWASE Hasui

明治16～昭和32(1883～1957)年

東京芝区に生まれる。本名は文治郎。明治35(1902)年荒木寛友に学ぶが、家業を継ぐため中断。再び画家を志し、鏑木清方の勧めで白馬会葵橋洋画研究所にて洋画を学ぶ。明治43年清方への入門を許され、巴水の号を得る。大正7(1918)年同門であった伊東深水の連作木版画に刺激を受け、木版画への関心を抱く。当時伝統的な木版技術を用いて新時代の版画様式を目指した渡辺版画店から、初めての版画を出版。以後木版画の制作に力を注ぎ、洋風画の要素を加味した新たな風景版画を確立した。関東大震災で下図となる写生帖の多くを焼失するが、その後も全国を写生旅行し多数の版画を制作した。

河鍋暁斎

KAWANABE Kyosai

天保2～明治22(1831～1889)年

下総国古河(現茨城県)生まれ。幼名は周三郎。天保3(1832)年古河藩士であった父が甲斐姓を継ぎ一家で江戸へ出る。7歳で歌川国芳、次いで狩野派の前村洞和に入門。洞和の病によりその師である狩野洞白に師事した。弘化2(1845)年修行を終え、洞郁陳之の号を与えられる。やがて両師の死を機に狩野派を離れ、雑画を描きながら土佐派、琳派、四条派、浮世絵など諸派を研究した。安政5(1858)年頃から狂画や錦絵を描き始め、狂斎等と号する。万延元(1860)年『狂斎画譜』(金花堂)等を刊行。版本の挿絵のほか精力的に作画活動を行う。明治3(1870)年、上野不忍池の書画会で描いた風刺画が原因で投獄され、翌年に放免、以後暁斎を名乗る。明治6年ウィーン万国博覧会に大幟《神功皇后武内宿禰図》を出品、明治14年第2回内国勧業博覧会に出品した《枯木寒鴉図》が妙技二等賞牌を受賞。これを機に狩野派の絵師として世間に認められる。同年にはイギリスの建築家ジョサイア・コンドルが入門し、暁斎が没するまで親しく交流した。明治21年に岡倉天心、フェノロサから東京美術学校への教授就任を依頼されるが、果たせずに翌年逝去した。

河鍋暁翠

KAWANABE Kyosui

慶応3～昭和10(1868～1935)年

江戸本郷生まれ。本名は豊。父は河鍋暁斎。幼少より父から絵画を学び、明治17(1884)年17歳で第2回内国絵画共進会に出品、同年東洋絵画会の会員となる。明治21年住吉派の山名貫義に入門し画技を磨く。父の死により22歳で独立。明治23年第3回内国勧業博覧会に暁翠の名で出品し褒状を受け、明治29年から日本美術協会に入会し終生活動する。明治35年日本初の女子美術学校(現女子美術大学)にて初の女性日本画教授を3年余り務める。退職後も画家として自宅で画技を教え、昭和3(1928)年御大典奉祝記念東洋絵画展覧会に《鍾馗》を出品し一等賞金牌を受賞。明治期を代表する女流画家として活躍した。

川端玉章

KAWABATA Gyokusho

天保13～大正2(1842～1913)年

京都生まれ。本名は滝之助。嘉永5(1852)年中島来章に入門し円山派を学ぶ。京都で漢学、国学を学んだのち慶応2(1866)年に上京。明治11(1878)年深川にて画塾天真堂を開き、翌年龍池会設立に関わる。第1、2回内国勧業博覧会出品作品がともに褒状、第1回内国絵画共進会で銅印受賞。東京美術学校開設に際して円山派の教師として迎えられ、明治23(1890)年同教授となる。明治24年日本青年絵画協会設立の際にはこれを援助し、事務所を自邸に置いた。日本美術協会や日本画会、日本絵画協会などに出品、明治29年帝室技芸員となる。明治31年日本美術院会員、明治40年文展開設以降審査員を務めた。明治42年小石川に川端画学校を開設、校長となり後進の教育に尽力した。

川端龍子

KAWABATA Ryushi

明治18〜昭和41(1885〜1966)年

和歌山生まれ。本名は昇太郎。明治28(1895)年上京し日本橋に住む。明治39(1906)年太平洋画会研究所で洋画を学び、明治40年から国民新聞社に入社後、平福百穂とともに挿絵を担当する。同年東京勧業博覧会や第1回文展に洋画を出品し入選。大正2(1913)年米国滞在の際に日本の古美術に感銘を受け、帰国後に日本画へ転向する。平福百穂らの无声会に参加、大正3年大正博覧会に初の日本画を出品し、以後龍子の号を用いる。大正4年院展に初入選し、大正6年日本美術院同人となるが、方向性の違いから昭和3(1928)年に脱退。翌昭和4年に青龍社を創立主宰する。豪放な筆致で大画面に描くスタイルで知られ、床の間に従属した従来の日本画の概念を覆し、会場芸術という新たな可能性を主張して独自の存在感を示した。昭和34(1959)年文化勲章受章。

久保田米斎

KUBOTA Beisai

明治7〜昭和12(1874〜1937)年

京都生まれ。本名は米太郎。父は日本画家の久保田米僊。世音、米斎、満明、米所などの号をもつ。国民新聞記者となった父とともに上京し、初めは原田直次郎に師事して西洋画を学び、橋本雅邦のもとで日本画を習得する。明治29(1896)年日本絵画協会設立に参加、第1回から第4回まで継続して絵画共進会に出品。第1、3回で二等褒状を受ける。これと並行して明治29年設立の巽画会、明治31年創立の日本画会にも参加した。多趣味な風流人であった米斎は、演劇や浮世絵などの造詣に深く、松竹に入社し舞台装置家としても活躍した。晩年には東京荏原区中延の自邸に故実研究所を設立し研究に邁進した。

小絲源太郎

KOITO Gentaro

明治20〜昭和53(1887〜1978)年

東京生まれ。本姓は小糸。明治37(1904)年に神田中学校を卒業後、藤島武二が指導する白馬会駒込研究所に入所。明治39年に東京美術学校西洋画科を受験し金工科入学となるが、在学中の明治43年第4回文展入選作が黒田清輝に認められる。明治44(1911)年金工科卒業の後、西洋画科へ転科する(1914年中退)。初期は印象派から影響を受けた画風であったが、大正末頃には写実的な画風に転じた。昭和8(1933)年、帝展の審査員に就任。昭和36(1961)年日展常務理事、昭和40年文化勲章受章。

阪井久良伎(岐)

SAKAI Kuraki

明治2〜昭和20(1869〜1945)年

神奈川生まれ。本名は辨(わかち)。神道学者であった渡辺重石丸に師事し、最初は歌人として活動するが、のちに正岡子規の影響を受け、川柳の道へと転じる。明治29(1896)年報知新聞、翌年新聞『日本』に入社。へなづち派の宗匠として明治34年に『へなづち集』を刊行。明治36年から『日本』の川柳壇の選者を務めるが、同年に井上剣花坊が入社し新川柳を担当したため、新たに創刊された『電報新聞』に移り川柳壇を担当する。『川柳梗概』を執筆し、川柳の革新運動を始める。明治37年には久良岐社を創立し、機関誌『五月鯉』を創刊。従来の諷刺に偏らない「新風俗詩」としての川柳を広めた。

酒井抱一

SAKAI Hoitsu

宝暦11〜文政11(1761〜1829)年

江戸神田小川町生まれ。本名は酒井忠因(ただなお)。姫路藩主である酒井忠恭の孫として生まれる。第2代姫路藩主を継承する兄とともに、多くの文化人と交遊し、俳諧、書画を嗜むなかで成長する。30歳頃に姫路藩邸を出て市井の人となり、寛政9(1797)年37歳で出家。寛政期半ば頃から尾形光琳、乾山の作品への傾倒を深め、俳諧や画技を磨きながら居を移し、文化6(1809)年から下谷根岸に住む。文化12(1815)年の光琳百年忌には、法要を営み、光琳遺墨の展覧会を開催。琳派の装飾的な画風を受け継ぎつつ、円山・四条派や南蘋派などの技法を積極的に取り入れた独自の洒脱で叙情的な作風を確立し、江戸琳派の創始者となる。

榊原紫峰

SAKAKIBARA Shiho

明治20〜昭和46(1887〜1971)年

京都市中京区生まれ。本名は安造。明治40(1907)年京都市立美術工芸学校絵画科を卒業後、同研究科に進学。京都市立絵画専門学校創立に際し同校に編入され、大正2(1913)年に同校研究科を修了。この間、明治42(1909)年に第3回文展に初入選、その後も文展で注目を集めるが、大正6年第11回文展での落選を機に離脱。翌年、村上華岳、小野竹喬らとともに国画創作協会を結成する。国展には第1回から出品し、同会が昭和3(1928)年に解散した後は日本画部会員が結成した新樹会の賛助会員となり昭和10年春虹会発表会に参加。昭和37(1962)年日本芸術院賞恩賜賞受賞。

柴田真哉

SHIBATA Shinsai

安政5〜明治28(1858〜1895)年

江戸浅草生まれ。柴田是真の次男として生まれる。途中で真瀬木家の姓を名乗るが、明治18(1885)年頃に柴田姓に戻る。明治19年から一時期父の高弟である池田泰真の養子となり池田姓を用いるが、明治24年再び柴田姓に戻る。幼少時から父に絵の指導を受け、文久4(1864)年父とともに万町柏木楼で書画会を開催する。明治9(1876)年から京都の土佐光文に師事し土佐派を学ぶ。明治13年龍池会に属し、明治15年の第1回内国絵画共進会に出品。翌明治16

年には山名貫義に師事し大和絵の修業を積む。歴史画を描くにあたり有職故実を学ぶために黒川真頼、前田香雪、川崎千虎にも教えを乞う。明治22年に日本美術協会会員となり、翌年の第3回内国勧業博覧会に出品し三等妙技賞を受賞。やがて、フェノロサや岡倉天心による新日本画創造の運動に惹かれ、日本青年絵画協会の結成に主体的に参画する。明治28年の第4回青年絵画共進会に「加茂葵祭図」を出品し一等褒状を受けるが、閉会後間もなく38歳の若さで自らの命を絶つ。

柴田是真
SHIBATA Zeshin

文化4～明治24（1807～1891）年

江戸両国生まれ。幼名は亀太郎、のち順蔵。対柳居とも号す。文化14（1817）年、古満寛哉に入門し蒔絵を学ぶ。16歳の頃円山派の鈴木南嶺に入門、天保元（1830）年京都に遊学し南嶺の紹介で四条派の岡本豊彦に学ぶ。頼山陽や香川景樹ら諸名家の門をたたき、天保4年南嶺から是真の号を授かる。以後は絵画、蒔絵、漆絵の分野で優れた才を発揮。天保11年、江戸住吉明徳講が王子稲荷神社に奉納した「鬼女図」絵馬が江戸中で評判となる。古来より途絶えていた青海波塗の技法を弘化2（1845）年から研究し復活させ自らの得意とした。明治6（1873）年ウィーン万国博覧会において進歩賞牌、明治9年フィラデルフィア万国博覧会にて賞牌受賞。また国内においても明治10年第1回内国勧業博覧会に蒔絵額を出品し龍紋賞牌を受けるなど、数々の博覧会に出品し受賞。晩年は東洋絵画会の設立にあたり特別会員となるほか、明治23（1890）年に帝室技芸員制度が設置されると同時にその一員に任じられた。

高倉観崖
TAKAKURA Kangai

明治17～昭和32（1884～1957）年

大分生まれ。旧姓安東、本名は孫三郎。明治34（1901）年京都市立美術工芸学校に入学し、竹内栖鳳、山元春挙等に学ぶ。大正3（1914）年第8回文展に初入選、褒状受賞（同作品はサンフランシスコ万国博覧会で金牌受賞）。以後も連続して文展に入選し、同郷の牧皎堂とともに京都における近代大分画壇の草分け的存在として活躍、四条派と南画に写実を加味した独自の世界を切り拓く。俳句も行い、後年は画壇を離れ、俳画を描いた。

竹内栖鳳
TAKEUCHI Seiho

元治元～昭和17（1864～1942）年

京都生まれ。本名は恒吉。明治10（1877）年四条派の土田英林に学び、17歳のときに幸野楳嶺の画塾大成義会へ入門。翌年には工芸長となる。明治16年京都府画学校に出仕。明治24年自らが中心となり京都青年作家懇親倶楽部を設立、同年京都青年絵画共進会（大日本私立絵画共進会）を開催し1等賞を受賞。明治26年シカゴ万国博覧会に出品。新古美術会や日本絵画協会などに出品し受賞多数。明治33年パリ万国博覧会で銀牌を受賞したことを機に欧州の視察旅行を行い、翌年帰国。明治40年文展開設とともに審査員となる（1918年まで歴任）。大正2（1913）年に帝室技芸員に推挙。大正13（1924）年にフランスのレジオン・ドヌール勲章受章。昭和12（1937）年に第1回文化勲章を受章。画塾竹杖会を主宰し、数多くの逸材を輩出した。

竹久夢二
TAKEHISA Yumeji

明治17～昭和9（1884～1934）年

岡山生まれ。本名は茂次郎。幼少より画才に目覚める。一家で福岡に転居した後、17歳のときに出奔し上京。苦学して早稲田実業学校本科を卒業し、専科在学中から新聞や雑誌のコマ絵を投稿する。明治40（1907）年に読売新聞社に入社、同紙に時事スケッチを提供。画壇に属さず独自の美人画を確立する。明治42年に初画集『夢二画集　春の巻』（洛陽堂）を刊行した際には、1年足らずで7版を重ねる売り上げとなり以後も継続して画集を刊行。そのほか装丁や挿絵を手がけ、洗練された情緒的な「夢二式美人」は広く大衆の人気を得た。グラフィックデザインや服飾デザインの分野でも才能を発揮し、大正3（1914）年に開店した「港屋絵草紙店」で販売された夢二デザインの便箋や絵封筒、千代紙、半襟などは、若い女性たちから絶大な人気を集めた。大正4年から刊行された『セノオ楽譜』では270作以上の装丁を手がけ、少女向け雑誌の挿絵や装丁なども行った。

多田北烏
TADA Hokuu

明治22～昭和23（1889～1948）年

長野生まれ。本名は嘉寿計（かすけ）。13歳のとき親戚を頼って上京し、南画家である大和雲陽の塾で日本画を学ぶ。明治42（1909）年頃東京高等工業学校図案科選科に学び、ポスターなど広告デザインへの関心を深める。凸版印刷や共同印刷で印刷図案の仕事を手がけるかたわら、川端絵画研究所で西洋画を学ぶ。数多くのポスターや雑誌表紙などのグラフィック作品に取り組み、大正11（1922）年実用美術研究所サン・スタジオを設立し商業美術の向上と後進の指導に努力した。新興日本童画協会常務委員、全日本産業美術連盟常任委員を務め、昭和4（1929）年には実用版画美術協会を主宰した。

田中頼璋
TANAKA Raisho

明治元～昭和15（1868～1940）年

島根生まれ。本名は大治郎。萩で森寛斎に師事したのち、明治35（1902）年に上京して川端玉章に入門。翌年出品した日本美術協会展にて三等賞受賞。明治41年第2回文展で三等賞受賞以後は文展にて受賞を重ねる。中国画を学び、写実的な山水画を得意とした。大正13（1924）年帝展委員を務める。

蔦谷龍岬

TSUTAYA Ryuko

明治19〜昭和8（1886〜1933）年

青森生まれ。本名は幸作。地元で造花店を営む父の縁故を頼り明治35（1902）年上京、寺崎広業に師事する。明治39年寺崎が教える東京美術学校日本画科選科に入学。卒業後大正4（1915）年第9回文展初入選、12回展で特選受賞。さらに第2、3回帝展で連続特選となり委員に推挙され帝展審査員を4回務めた。大正15（1926）年に上野の常照院に研究所を設立、鐸鈴社と名づけて多くの門人たちの指導にあたる。昭和5（1930）年東奥美術社創立会長。

寺崎広業

TERASAKI Kogyo

慶応2〜大正8（1866〜1919）年

秋田生まれ。幼名は忠太郎、本名は広業（ひろなり）。幕臣であった父が事業に失敗し、苦学を経て明治16（1883）年狩野派の小室秀俊に入門。明治21年に上京し四条派の平福穂庵、南画家の菅原白龍に学ぶ。『絵画叢誌』『風俗画報』で挿絵の仕事を手がけるほか第3、4回内国勧業博覧会で褒状受賞。明治30年に東京美術学校助教授に迎えられるが、明治31年岡倉天心が排斥運動で退職したため広業も美校を去り、明治34年東京美術学校教授に復帰。天籟散人と号し、天籟画塾を設けて数多くの門人を育成した。明治40年第1回文展より日本画の審査員を務め、その後も文展を活躍の場とした。大正2（1913）年東京美術学校の日本画主任となり、大正6（1917）年帝室技芸員となる。

長野草風

NAGANO Sofu

明治18〜昭和24（1885〜1949）年

東京生まれ。本名は守敬。5歳頃母方の大叔母長野家の養子となる。14歳の頃から郁田丹陵に学び、20歳の頃川合玉堂に師事し、草風と号す。その後明治33（1900）年に結成された紅児会に加わる。明治40年第1回文展に出品し3等賞受賞、以後も文展に出品し第7回展で褒状受賞。大正3（1914）年院展再興とともにこれに参加し、同5年同人に推された。以後院展を舞台として活躍した。

西沢笛畝

NISHIZAWA Tekiho

明治22〜昭和40（1889〜1965）年

東京生まれ。旧姓は石川、本名は昴一。大正2（1913）年荒木寛畝に入門し、没後は荒木十畝に師事する。日本画の修業中に人形収集家で実業家の西沢仙湖と出会い、収集品の継承を託され同家に婿入りする。大正4年第9回文展に初入選したことを契機に、官展へ出品する傍ら人形の収集・研究に邁進した。昭和9年帝展の審査員となる。荒木十畝、池上秀畝の没後は読画会を代表する作家として活躍し、同会代表理事を務める。昭和11年童宝文化研究所（戦後は人形玩具文化の会と改称）を設立。人形絵を得意とした。

橋本雅邦

HASHIMOTO Gaho

天保6〜明治41（1835〜1908）年

江戸木挽町生まれ。幼名は千太郎、本名は長卿。父は川越藩の御用絵師狩野晴川院の高弟である狩野晴園養邦。幼少時より父から絵を学び、弘化4（1847）年狩野雅信（勝川院）に入門。同時期に入門した狩野芳崖と生涯にわたる親交を結ぶ。安政元（1854）年勝川院の塾頭となり、芳崖とともに「勝川院の龍虎」と称された。万延元（1860）年独立するが、狩野派絵画の沈滞と幕末維新による世情動乱により、絵師として不遇の時期を過ごす。明治4（1871）年から海軍兵学寮に出仕しのちに海軍兵学校図学掛となる。明治10年山口県に帰郷していた狩野芳崖の上京によりともに画業の研鑽に努める。明治15年第1回内国絵画共進会への出品作品が銀印を受賞し、以後国内外の展覧会にて数々の受賞を果たす。明治16年海軍兵学校を辞し、芳崖とともに東京美術学校設立に携わる。明治19年東京美術学校絵画科の主任に就任。明治23年第3回内国勧業博覧会にて狩野派の絵画様式に西洋的な表現を加えた作品が妙技一等賞を受賞し、帝室技芸員となる。明治31年岡倉天心が東京美術学校を去るにあたり、横山大観、菱田春草らとともに辞職し、日本美術院の創立に参加。明治33年パリ万国博覧会に《龍虎図屏風》を出品し銀賞受賞。

福田平八郎

FUKUDA Heihachiro

明治25〜昭和49（1892〜1974）年

大分生まれ。別号素僊。大分県立大分中学校在学中に画家を志して京都に出る。明治43（1910）年京都市立美術工芸学校へ入学し、竹内栖鳳、菊池契月、西山翠嶂らに学ぶ。同校卒業後、再び京都市立絵画専門学校に入学（1918年卒業）。大正8（1919）年第1回帝展に初入選。以後、帝展・新文展・日展を中心に活躍する。大正期は国画創作協会の影響を受けた濃厚な写実風の作品を描いたが、昭和期には形態を単純化し平明で装飾的な画風へと移行、日本画にモダニズムの要素を取り入れた作風を確立する。昭和5（1930）年日本画の中村岳陵、山口蓬春らと研究団体六潮会を結成、昭和7年以降毎年展覧会を開催する。昭和11年京都市立絵画専門学校教授となるが、翌年退職し、以後は制作に専念する。昭和36（1961）年文化勲章受章。

藤島武二

FUJISHIMA Takeji

慶応3〜昭和18（1867〜1943）年

薩摩国（現鹿児島県）生まれ。本名は猶熊。郷里で四条派の画家や上京後川端玉章に入門し、日本画家として出発するが、明治23（1890）年から洋画研究を開始。松岡寿、山本芳翠らに師事し、洋画へ転向する。明治26年から三重県尋常中学校（現三重県立津高等学校）の助教諭を務め、京都で親交を得た黒田清輝の推薦で明治29年から東京美術学校西洋画科助教授となる。同年黒田が中心となる白馬会創立にも参加。第1回白馬会展から出品し、白馬会解散後も文展や帝展の重鎮として活躍した。明治38年文部省から4年間の留学を命じられ渡欧。帰国後は美術学校教授に就任。川端画学校でも教授を務める。昭和9(1934)年帝室技芸員、昭和12年文化勲章受章。

松岡映丘

MATSUOKA Eikyu

明治14～昭和13(1881～1938)年

兵庫生まれ。本名は輝夫。5人兄弟の末子で、兄は歌人・国文学者の井上通泰(松岡泰蔵)、民俗学者の柳田國男、民族・言語学者の松岡静雄。幼少時に医師であった長兄の鼎に引き取られ、茨城県北相馬郡にて育つ。幼少より武者絵を好み、当初は狩野派の橋本雅邦に学ぶがのちに住吉派の山名貫義に入門し、大和絵および有職故実を研究する。明治32(1899)年に東京美術学校日本画科に入学し、川端玉章、寺崎広業らの指導を受ける。在学中から歴史風俗画会に参加。卒業後は神奈川女子師範学校の教諭を務めたのち、明治41年東京美術学校助教授に就任。大正元(1912)年の第6回文展に初入選し、以後は主に官展で活動した。大正5年金鈴社の結成に参加。大正10年自ら新興大和絵会を創立し、大正・昭和にかけて大和絵の復興運動に尽力した。

矢沢弦月

YAZAWA Gengetsu

明治19～昭和27(1886～1952)年

長野生まれ。本名は貞則。明治32(1899)年に上京して同郷の政治家渡辺国武の書生となり、久保田米僊、寺崎広業に師事する。同門の蔦谷龍岬らと研鑽し、明治44(1911)年東京美術学校日本画科選科を卒業後は神田今川橋松屋呉服店意匠部に勤務する。並行して官展に出品し大正2(1913)年第7回文展に初入選、大正8年第1回帝展で特選受賞。大正9年に川崎小虎、蔦谷龍岬らと霜失会を設立。昭和4(1929)年から在外研究員として欧米に留学し、帰国後は洋画の手法を取り入れた作品を制作。晩年に至るまで官展に出品。東京美術学校講師、日本美術学校教授等を歴任し、後進の育成に尽力した。

山口蓬春

YAMAGUCHI Hoshun

明治26～昭和46(1893～1971)年

北海道生まれ。本名は三郎。日本銀行に勤務していた父の転任に従い大正2(1913)年東京に転居。高輪中学校在学中に白馬会研究所で洋画を学ぶ。志願兵として帝国陸軍に1年間従軍した後、大正4年東京美術学校西洋画学科に進学。途中日本画学科へ転科し、松岡映丘に師事する。大正12年同校を卒業後、映丘が設立した新興大和絵会に参加。大正13年第5回帝展に初入選、大正15年第7回帝展にて帝国美術院賞受賞。昭和4(1929)年帝展審査員となり、昭和5年帝国美術学校教授に就任(1935年まで)。戦後は日展を舞台に活躍し、昭和40(1965)年文化勲章受章。

山村耕花

YAMAMURA Koka

明治18～昭和17(1885～1942)年

東京生まれ。本名は豊成。尾形月耕に師事したのち明治40(1907)年に東京美術学校日本画選科を卒業、同年第1回文展に入選。明治43年、大正3(1914)年から再興院展に参加、第3回展から日本美術院同人となる。烏合会、珊瑚会などに参加し、主に歴史、風俗に取材した作品を手がけた。作画と並行して自刻自摺による木版画を制作し、大正5年渡辺版画店から役者絵の新版画を刊行した。

結城素明

YUKI Somei

明治8～昭和32(1875～1957)年

東京生まれ。本名は貞松。川端玉章門下となり明治25(1892)年東京美術学校日本画科に入学。卒業後に再び同校の西洋画科に学ぶ。在学中の明治29年から日本絵画協会に出品。平福百穂らと无声会を結成し、自然主義的な写生画を目指す。第1回文展から出品し受賞多数。大正12(1923)年から大正14年にかけて渡欧し、昭和6(1931)年フランスからレジオン・ドヌール勲章受章。昭和12年帝国芸術院会員となる。

おもな参考文献

鹿島卯女編『柴田真哉　開化期の異色画家』鹿島出版会、1978年

財団法人日本美術院・日本経済新聞社編集『日本美術院創立九十周年記念展』日本美術院、1988年

河北倫明監修『近代日本美術事典』集英社、1989年

『多田北烏とその仕事』宇都宮美術館、2004年

『ZESHIN―柴田是真の漆工・漆絵・絵画』根津美術館、2012年

河鍋楠美『河鍋暁斎・暁翠伝』KADOKAWA、2018年

結城素明『芸文家墓所誌：東京美術家墓所誌続篇』学風書院、1953年
国立国会図書館デジタルコレクション
https://dl.ndl.go.jp/pid/2971422(参照2023/11/08)

年譜の作成にあたっては、『千代紙いろいろ　小間紙の世界』(東京ステーションギャラリー、2007年)の年譜をもとに、榛原提供の資料および年表末尾の参考文献を参照して加筆・修正を行った。
編集協力：株式会社榛原 中村晴子、大木優子、田丸志乃

和暦	西暦	榛原に関する出来事	その他の出来事
文化3	1806	榛原創業 文化年間(1804～1818)を通して、熱海製雁皮紙が次第に量産されるようになり、日本橋の榛原・金花堂・今井の3軒が雁皮紙を売り出す	
文化4	1807		柴田是真、生まれる
文政6	1823	日本橋の書肆である須原屋茂兵衛に奉公していた須原屋佐助(初代中村佐助)が金花堂の店主となる	シーボルト(Philipp Franz Balthasar von Siebold)来日
文政7	1824	江戸のガイドブック『江戸買物独案内』が刊行され、榛原や金花堂が紹介される	
文政9	1826	中村惟徳著、色彩の手引書『薄様色目』(金花堂)刊行	
文政13	1830		シーボルト、帰国。シーボルトが日本研究のために収集しオランダに持ち帰った文物には、多くの和紙も含まれていた
天保頃	1830～1844	初代中村佐助、榛原と今井の店主となり、二代目中村佐助を榛原の主(初代榛原直次郎)とする	
天保2	1831		河鍋暁斎、生まれる
天保11	1840	初代中村佐助、没。初代榛原直次郎は二代目中村佐助として金花堂の店主となり、榛原を義弟の専蔵に託す	
天保13	1842		川端玉章、生まれる
弘化3	1846	中村平三郎のちの三代目榛原直次郎、生まれる	綾岡有真、生まれる
嘉永4	1851	初代榛原直次郎義弟の専蔵、二代目榛原直次郎となる	
嘉永6	1853		浦賀にペリー(Matthew Calbraith Perry)来航
嘉永7	1854	初代榛原直次郎(二代目中村佐助)が中心となり、ペリー率いるアメリカの黒船艦隊が浦賀に来日した際に枇杷葉散などの薬を提供し、幕府から感謝状を賜る	日米和親条約締結

安政4	1857	初代榛原直次郎隠居。長男が金花堂を継承し、三代目中村佐助となる	
安政5	1858		日米修好通商条約締結。アメリカに続き幕府は、オランダ、ロシア、イギリス、フランス諸国とも同様の条約を結んだ（安政の五ヶ国条約） 柴田真哉、生まれる
安政6	1859		長崎、神奈川、箱館（函館）が貿易港として開港 初代駐日イギリス公使オールコック（Sir Rutherford Alcock）来日 シーボルト再来日
万延元	1860	三代目中村佐助『狂斎画譜』（河鍋暁斎画、金花堂）刊行 二代目榛原直次郎、没 オールコックが熱海の和紙製造工程を視察する。その際にオールコックに贈られた和紙がのちにロンドン万国博覧会に出品される	
文久元	1861	初代榛原直次郎三男の中村平三郎が榛原を継承し、三代目榛原直次郎となる	
文久2	1862	5～11月、ロンドン万国博覧会（International Exhibition of 1862）開催。日本の美術工芸品が出品され、オールコックが収集した熱海製雁皮紙も陳列される	オールコック帰国 シーボルト帰国
文久3	1863	三代目中村佐助『絵本鷹かがみ』（河鍋暁斎画、金花堂）刊行	イギリスでオールコックが著した『The Capital of the Tycoon: a narrative of a three years' residence in Japan』（『大君の都：幕末日本滞在記』）刊行
慶応元	1865		二代駐日イギリス公使パークス（Sir Harry Smith Parkes）来日
慶応3	1867		大政奉還
慶応4 明治元	1868	この頃より、三代目榛原直次郎は率先して西洋紙を輸入し、洋紙販売を行う	8月、明治天皇御即位礼 9月、明治と改元、江戸を東京とする

明治3	1870		12月、国内産業の育成をめざし、工部省設置される
明治4	1871	パークスが“Reports on the manufacture of paper in Japan”（「日本の紙の製造に関する報告書」）をイギリス議会に提出。当時提出された和紙コレクションには、現在の榛原に伝わるデザインも散見される	4月、東京・大阪間で官営の郵便事業開始。前島密、近代郵便事業の基礎を築く 7月、文部省設置される 8月、工学寮設置される（1873年開校）
明治6	1873	5～11月、ウィーン万国博覧会（Weltausstellung 1873 Wien）開催。出展和紙目録によると、榛原直次郎が「襖紙」、中村佐助が「千代紙」、今井半太夫が「雁皮水晶箋」を出品。目録には榛原に関連する多数の記載あり	2月、渋沢栄一の提唱により日本初の近代的洋紙製造会社である抄紙会社が設立される 江戸時代より五街道の起点として交通・物流の要衝であった「日本橋」、西洋式木橋へ改架 日本で最初の銀行、第一国立銀行開業 ウィーン万博後に、意匠および図案という用語がdesignの訳語として生まれる
明治7	1874	2月、榛原が製造を請け負った初期の官製はがき（二つ折りはがき）が発売される 明治政府から飛信逓送切手を受注	11月、工芸品を輸出する起立工商会社設立
明治8	1875		3月、正倉院、東大寺から内務省の管轄へ 3月、「日本橋」にガス灯が設置される
明治9	1876	5～11月、フィラデルフィア万国博覧会（Centennial International Exhibition）に榛原出品（「有紋壁紙30種ならびに見本紙帖」ほか）	11月、工部美術学校（「画学科」「彫刻科」）設置される この頃、フィラデルフィア万博事務局が全国の工芸家に貸し出すため博覧会および輸出向け工芸図案集『温知図録（第一輯）』を編纂 クロード・モネ（Claude Monet）、《ラ・ジャポネーズ》（La Japonaise）を描く。この頃、ジャポニスムの影響がヨーロッパの絵画にみられるようになり、日

			本趣味のモチーフとして団扇も描かれた
明治10	1877	3〜6月、第6回京都博覧会に榛原出品、金賞、銅賞 8〜11月、第1回内国勧業博覧会に榛原出品、「諸紙ノ類聚紙製諸品　彩画髹漆ノ文房具」で龍紋牌（金賞）ほか（このとき、柴田是真も龍紋牌を授与された）	『温知図録（第二輯）』、第1回内国勧業博覧会事務局により編纂される
明治11	1878	3〜6月、第7回京都博覧会に榛原出品、銀賞 5〜11月、パリ万国博覧会（Exposition Universelle）に榛原出品、染紙（「天狗帖に彩色あるもの」）で賞状 明治政府とグラスゴー市の間で、物品交換（The Glasgow Japan Exchange of 1878）が行われる。グラスゴーに送った榛原や金花堂の千代紙などを通して、日本のデザインが紹介される	8月、フェノロサ（Ernest Francisco Fenollosa）来日。のちに三代目榛原直次郎と交流をもつ 『温知図録（第三輯）』、仏国博覧会事務局（上野）により編纂される 日本橋兜町に日本で最初の株式取引所設立
明治12	1879	3〜6月、琴平山博覧会に榛原出品（「縮緬、団扇、書状紙、状袋、熨斗包、手帳」） 3月、日本の伝統美術の保存と振興を目的とした龍池会（のちの日本美術協会）が創立される 9〜翌4月、シドニー万国博覧会（Sydney International Exhibition）に榛原出品、銅賞牌	
明治13	1880	1月、龍池会に榛原直次郎、柴田是真、柴田真哉、綾岡有真（池田綾岡）らも参加する（『柴田真哉日記』） 4〜5月、第1回観古美術会（内務省博物局主催）開催。三代目榛原直次郎は蒔絵の硯箱や香盆などを出品する 6月までの間に三代目榛原直次郎、龍池会会員となる 8〜10月、宮城県博覧会に榛原出品、「絹張団扇、金縁団扇、絹張扇子、舞扇子、書簡箋、文明袋、文明本、常用罫紙掛、熨斗包、襖紙、襖引手」ほかで銅賞牌 中村真太郎のちの四代目榛原直次郎、生まれる	7月、京都府画学校開設
明治14	1881	2月、東京洋紙売捌商組合設立。三代目榛原直次郎、洋紙商15人のうちのひとりとして設立に関わる 3〜6月、第2回内国勧業博覧会に榛原出品、紙類で有功賞牌（1等）、綾岡有真（池田房吉）による「壁紙、襖紙ならびに団扇」など協賛賞牌（3等）ほか。別の部門では三代目榛原直次郎が審査官を務める（このとき、柴田是真も有功賞牌、審査員賞牌を授与された） 6月、柴田真哉《蒔絵額面年中行事加茂祭図》妙技三等銅賞を榛原は百円で購入	5〜6月、第2回観古美術会（龍池会主催）開催 『温知図録（第四輯）』、第2回内国勧業博覧会開催にあたり勧商局製品画図掛により編纂される 伊藤綾春、生まれる

明治15	1882	1月8日、三代目榛原直次郎の発案で、聚図会が発会する。綾岡有真や柴田真哉らが参加し、毎月8日に絵画を持ち寄り茶会を催す	6月、日本橋・新橋間に東京馬車鉄道が開通、「日本橋」の上を通る 10〜11月、第1回内国絵画共進会（農商務省主催）開催。柴田是真が審査員を務める フェノロサ、龍池会で『美術真説』の講演を行う
明治16	1883	3〜5月、奈良博覧会に榛原出品、銀賞牌 4月、三代目榛原直次郎が龍池会の委員に選定される（漆器、繍織、建築園治の各委員に就任） 5〜10月、アムステルダム国際植民地博覧会（Internationale Koloniale en Untvoerhandel Tentoonstellung）に榛原出品、ふたつの銀賞牌、銅賞牌 6月、三代目榛原直次郎、龍池会に古更紗の裂本と狩野尚信《八景図》を出品 9〜翌1月、アメリカ外国製品・美術博覧会（ボストン、American Exhibition of the Products, Arts and Manufactures of Foreign Nations）に榛原出品、「壁張紙、絵表装掛物」などが受賞 この年に刊行された第2回内国勧業博覧会報告書が榛原製品について「外国輸販の額年を追って増加するも決して偶然に非ざるなり」と評価	1月、工部美術学校廃止 第1回巴里府日本美術縦覧会（龍池会主催）開催 有栖川宮織仁親王殿下が龍池会総裁に就任 パークス離日 鹿鳴館落成
明治17	1884	5〜6月、第2回巴里府日本美術縦覧会（龍池会主催）開催。三代目榛原直次郎は若井兼三郎、黒川新三郎とともに開催に尽力、会場内装ならびに陳列を担当する 5〜10月、万国衛生博覧会（ロンドン、International Health Exhibition）に榛原出品、「紙及扇ノ類」が金牌	1月、岡倉天心が龍池会に入会 2月、フェノロサ、岡倉天心ら鑑画会設立 4〜5月、第2回内国絵画共進会（農商務省主催）開催 竹久夢二、生まれる
明治18	1885		4月、東洋絵画会設立 文部省に図画取調掛が設置され、工部省廃止
明治19	1886	5〜11月、植民地とインド博覧会（ロンドン、Colonial and Indian Exhibition）に榛原出品、金賞牌	フェノロサ、岡倉天心、欧米の美術行政視察へ
明治20	1887	3〜5月、東京府工芸品共進会に榛原出品、「団扇、扇、紙工品」で銀牌ほか銅牌 12月、皇居新宮殿（明治宮殿）完成。榛原は造営にあたり、画家の監督や天井張、壁張紙の制作の御用を務める。柴田	10月、東京美術学校設置

		是真と真哉親子は千種之間天井画下絵を、川端玉章は奥宮殿の杉戸を手がけた この頃、有栖川宮熾仁親王殿下より榛原に常号である「聚玉」(榛原の品は玉石を集めたるが如し)の二文字の御染筆を賜る	
明治21	1888	5～12月、バルセロナ万国博覧会(Exposición Universal de Barcelona)に榛原出品、扇子で銀牌ほか銅牌 日本美術協会美術展覧会に三代目榛原直次郎が柴田是真《深山幽谷図》、河鍋暁斎《百福図》を出品する 三代目榛原直次郎、洋紙製紙会社である千寿製紙会社の設立に参加	1月、龍池会、日本美術協会に改称。有栖川宮熾仁親王殿下が日本美術協会総裁に就任
明治22	1889		2月、大日本帝国憲法発布 2月、東京美術学校開校 4月、河鍋暁斎、没 6月、明治美術会結成 11月頃、日本美術協会で「柴田是真翁絵画蒔絵展覧会」開催
明治23	1890	4～7月、第3回内国勧業博覧会に榛原出品、「襖紙各種紙」で一等進歩賞、「扇、団扇」で一等有功賞、「引手ならびに釘隠」で二等有功賞 日本美術協会展覧会に三代目榛原直次郎が高橋応真、尾形月耕の作を出品	10月、美術・工芸家の保護奨励を目的に帝室技芸員制度発足。榛原ゆかりの作家、柴田是真、橋本雅邦、石川光明ら10名が任命される 10月、岡倉天心が東京美術学校校長になる フェノロサ、ボストン美術館東洋美術部門新設にあたり帰国
明治24	1891	10月、三代目榛原直次郎、日本青年絵画協会に百円(現在で数百万円)を寄付し開設から同会を後援する 日本美術協会展覧会に三代目榛原直次郎が柴田是真《彦根屏風写風俗図屏風》、友哲の作を出品する この頃、榛原から木版画『花くらべ』(柴田是真画)刊行が始まったか	2月、日本青年絵画協会発足、岡倉天心が会頭となる 7月、柴田是真、没 起立工商会社解散
明治25	1892	10月、三代目榛原直次郎長男の中村真太郎、柴田真哉に入門	
明治27	1894	日本美術協会展覧会に三代目榛原直次郎が柴田是真長男の令哉《蒔絵嵐山図額》(三等賞銅牌)を出品する この頃、《十二ヶ月絵短冊》初編発売	

		この頃、三代目榛原直次郎は下谷下根岸の「曖遠邨（村）荘」を別荘とし、1910年頃まで家族とともに居住する（同荘は宮中顧問官文学博士の川田甕江氏の旧居）	
明治28	1895		6月、柴田真哉、没
明治29	1896		東京美術学校に西洋画科、図按科が新設される 榛原ゆかりの川端玉章、池田泰真ら11名が帝室技芸員に任命される
明治30	1897	帝国博物館に榛原の「千代紙33枚、紙盃2個」が展示される（「工芸部列品目録」に記載）	黒田清輝《湖畔》制作（モデルの照子夫人が手にしている団扇は榛原製か）
明治31	1898	正岡子規が「はい原の団扇を送るたより哉」（「明治三十一年俳句稿」所収）と詠む	3月、岡倉天心、東京美術学校を退職 10月、岡倉天心らが日本美術院を創設
明治33	1900		榛原ゆかりの荒木寛畝が帝室技芸員に任命される
明治34	1901		大日本図案協会設立、機関誌『図按』発刊
明治36	1903	3～7月、第5回内国勧業博覧会に榛原出品（「紙張、扇子」）	新橋・品川間に東京電気鉄道が開通、「日本橋」の上を路面電車が通る
明治37	1904	織田一磨、中村工場に在籍し、榛原の印刷業にかかわる	岡倉天心、ボストン美術館東洋部顧問となる
明治38	1905	4～11月、リエージュ万国博覧会（Exposition Universelle et Internationale）に榛原出品（「団扇、扇子、壁紙、紙製品」）、金賞牌、銀賞牌 10月、工芸の図案や意匠の発展を目的とした雑誌『技芸之友（きげいのとも）』（発行：国工社、販売：金花堂）を創刊する この頃、榛原から川端玉章にデザインを依頼した千代紙10種を新版にして売り出す	7月、伊藤綾春、東京美術学校日本画選科を卒業。同級生に水島爾保布 9～10月、荒木寛畝主宰、読画会第1回展開催 日本橋三越呉服店の企画により「元禄模様」が流行する
明治40	1907	3～7月、東京勧業博覧会に榛原出品、銀牌	10～11月、第1回文部省美術展覧会（文展）開催

明治41	1908		1月、伊藤綾春、明治絵画会幹事を依頼される 川端玉章、私立の美術學校、川端画学校を開校する
明治42	1909	1月、三代目榛原直次郎後援で第1回榛原聚工会（榛原に関わる画家や技術者らの研究会）が開催される 12月、『技芸之友』（国工社）51号で廃刊	12月、竹久夢二、初の著作『夢二画集　春の巻』（洛陽堂）を刊行し、ベストセラーとなる
明治43	1910	5月、雁のデザインの英語商標（PAPER MERCHANT N. HAIBARA）を登録する 5〜10月、日英博覧会（Japan-British Exhibition）に榛原出品、「紙製品、木版印刷物」で名誉大賞、「雑工業」で金賞 10月、三代目榛原直次郎、没。長男の中村真太郎が四代目榛原直次郎となる この頃、榛原と金花堂が統合	4月、綾岡有真（二代目綾岡）、没
明治44	1911		4月3日、石造の「日本橋」が開通
大正2	1913	4月、竹久夢二、榛原の番頭宛に団扇絵についてのはがきを送る	2月、川端玉章、没
大正3	1914	3〜7月、東京大正博覧会に榛原出品、「襖上張引手釘隠各種」で名誉大賞牌、「扇子、団扇、小間紙」で金牌、「出品装飾」で陳列装飾褒賞	8月、第一次世界大戦勃発 10月、日本橋呉服町に竹久夢二の港屋絵草紙店が開店（1916年に閉店）
大正4	1915	大正天皇御即位礼の御用を務める 2〜12月、パナマ太平洋博覧会（サンフランシスコ、Panama Pacific International Exposition）に榛原出品、「紙製品及び室内模型」で名誉賞、「壁覆紙」で銀賞	
大正5	1916	四代目榛原直次郎『秋津百景』（川端玉章画）刊行	
大正7	1918	2月、『互研』（発行：互研会）が発刊（〜第5輯まで刊行） 6月、イギリス大使コンノート殿下（Prince Arthur of Connaught）夜会にて、榛原聚工会会員の高橋倉之助、渡邊市五郎、永井鍬之助の3名が「奉書に赤地の雲に鶴をあしらえる千代紙、土佐風の住吉宮夏の夕景を現したる団扇絵、菱川春草浮世絵版画美人カード」の木版御前印刷を披露し、好評を得る 6月、四代目榛原直次郎『清方百穂団扇絵』（鏑木清方、平福百穂画）刊行	9月、セノオ楽譜「宵待草」（竹久夢二作詞・表紙絵）刊行、流行歌となる 11月、第一次世界大戦、休戦条約が結ばれる 12月、永井荷風『腕くらべ』初版刊行（榛原の千代紙「洲浜」シリーズの装幀）

大正8	1919	個人商店から株式会社組織に改め、和紙舗と計測記録紙工場とで専門性を活かした事業を多角的に展開する 従来の印刷技術を生かし日本で初めての計測記録用紙（科学的変化を自動的に連続記録する高性能用紙。温湿度変化に強く、気象観測、医療、環境観測等に利用）の製造に成功	1月〜、パリ講和会議 6月、ヴェルサイユ条約調印、国際連盟発足 9月、帝国美術院創設 伊藤綾春、「稜春」と改号する
大正9	1920	永井荷風、『断腸亭日乗』に「六月廿五日。午後榛原紙舗に往き団扇を購ふ。」と綴る	伊藤綾（稜）春、読画会幹事となる
大正10	1921	志賀直哉、『暗夜行路』に榛原の千代紙を登場させる	
大正12	1923	2月に完成した「丸ノ内ビルヂング」1階に榛原商店丸の内セールスルームを開店 9月1日、関東大震災罹災、区画整理により日本橋通2丁目に土地を得る	9月、関東大震災
大正14	1925	4〜10月、国際近代装飾美術・産業美術博覧会（パリ、Exposition Internationale des Arts Décoratifs et Industriels Modernes）（通称アール・デコ博覧会）に榛原出品、「服飾装身具」の部門で名誉賞	
大正15 昭和元	1926	四代目榛原直次郎著『雁皮紙と玳舫』刊行 永井荷風、『断腸亭日乗』に「十二月八日。〜午後日本橋榛原に行き罫引雁皮紙手帳を購ふ。一冊金弐円余なり。〜」と綴る	
昭和2	1927	この頃、竹久夢二「はいばら抒情画箋」シリーズが販売される この頃、永井荷風、『断腸亭日乗』の原稿執筆に「榛原製青色十行罫紙」を使用	
昭和3	1928		11月、昭和天皇御即位礼
昭和4	1929	2月、信用調査講究会第142回例会で四代目榛原直次郎が「和紙と襖紙に就て」の講演を行う（於東京銀行倶楽部） 5月、『互研』再刊（〜1931年4月第4輯まで） 四代目榛原直次郎らが集まり、銀座松屋呉服店にて襖の新作展覧会開催	10月、世界恐慌はじまる
昭和5	1930	2月、榛原新築店舗のビル起工、12月に竣工。設計を建築家矢部金太郎と四代目榛原直次郎が担当 4月、この頃、榛原聚工会会員数は45名 5〜11月、リエージュ産業・科学・応用芸術国際博覧会（Exposition Internationale de la Grande Industrie, Science, et Application Art Wallon）に榛原出品、金賞牌、銀賞牌	
昭和6	1931	2月、新店舗にて営業開始 朝香宮邸（現東京都庭園美術館）の造営に携わる	5月、竹久夢二、単身渡米する（ヨーロッパ滞在を経て、

			1933年に帰国） 9月、満州事変
昭和7	1932		5月、伊藤綾（棱）春、没
昭和8	1933	四代目榛原直次郎著『聚玉紙集』（榛原商店）刊行。本書は、関東大震災で創業以来の貴重な和紙資料が灰塵に帰した事を憂い、今後の研究のために当時生産されなくなった紙は昔のままに特製するなど、貴重な和紙資料を網羅し、あらためて作成した和紙標本	3月、日本は国際連盟を脱退
昭和9	1934		9月、竹久夢二、没
昭和10	1935	この頃、高村光太郎、妻智恵子のために榛原商店丸の内セールスルームで創作に使うさまざまな紙を購入	
昭和12	1937	『透写紙　方眼紙　製図紙　見本』（榛原商店）発行。工業発展に伴い榛原の方眼紙、電信用ダイヤグラム記録紙、トレーシングペーパー、青写真用紙、画学紙および原図紙の需要が拡大	7月、日中戦争勃発
昭和16	1941		12月、太平洋戦争開戦
昭和17	1942	永井荷風、『断腸亭日乗』に「四月廿一日。天気好晴。土州橋の帰途榛原にて白扇二十本短冊等を購ふ。」と綴る	
昭和20	1945		8月、太平洋戦争終結
昭和25	1950	四代目榛原直次郎、製紙記念館（現紙の博物館）の設立に向け陳列方法等に助言協力。翌年、製紙記念館評議員に就任する	6月、製紙記念館開館
昭和29	1954	この頃、日本橋店舗ビル5階で計測記録紙等の印刷工場を始める	
昭和35	1960	四代目榛原（中村）直次郎著『和紙雑考　見たまゝ聞いたまゝの和紙についての記録』（榛原商店）刊行。本書は、紙の起源、種類、材料、使い道、紙に関する言葉など345項目の記録	
昭和36	1961	四代目榛原直次郎の長男である中村正男が五代目榛原代表取締役社長に就任	
昭和38	1963	四代目榛原（中村）直次郎著『随筆からかみ　日本障壁画よもやま話』（榛原商店）刊行。本書は、中国から伝わった唐紙がかつては絵師が描いて装飾していた障子に替わって張られるようになり、やがて美しい文様を染めた日本の紙として室内装飾に使われるようになるまでの「からかみ美術史」 四代目榛原直次郎、没	12月、日本橋川上空に首都高速道路が開通

昭和39	1964	計測記録紙の需要増加に伴い設備拡張のため東京都新宿区に記録紙印刷工場を新設	10月、第18回オリンピック競技大会が東京で開催 10月、東海道新幹線開業
昭和44	1969	この頃、榛原製計測記録紙の品質と精度のよさが諸外国に知られるようになり、海外に販路を拡大、榛原の名が世界に広まった 史上初めて月面着陸に成功したNASA宇宙船・アポロ11号(Apollo 11)に榛原製計測記録紙が搭載される。また、月面から持ち帰った岩石「月の石」の分析用計器にも使用される	7月、米「アポロ11号」が月面に着陸
昭和45	1970		3～9月、大阪にて日本万国博覧会(Japan World Exposition Osaka 1970)開催、「月の石」が展示される
昭和56	1981	榛原商店から株式会社榛原へ社名変更	
平成2	1990	6月、榛原ビルディング竣工	
平成5	1993	五代目中村正男の長男である中村明男が六代目榛原代表取締役社長に就任	
平成7	1995	8月、平木浮世絵財団「夏・風・涼　近代のうちわ絵展」に展示協力	
平成11	1999		「日本橋」、重要文化財指定を受ける
平成17	2005	4月、河鍋暁斎記念美術館「暁斎の意匠・デザイン展―榛原製品を中心に」展に展示協力 5～6月、昭和女子大学光葉博物館「風を彩るうちわと扇子」展に展示協力 10～11月、武蔵野美術大学美術資料図書館「回れ・まわれ・水車―武蔵野の水車ミュージアム」展に展示協力	
平成18	2006	六代目中村明男の長男である中村達男が七代目榛原代表取締役社長に就任 12～翌3月、紙の博物館「はいばらコレクション」展に展示協力	
平成19	2007	4～7月、東京ステーションギャラリー「千代紙いろいろ　小間紙の世界」展に展示協力	
平成20	2008	6～7月、城西国際大学水田美術館「野田市郷土資料館所蔵 勝文斎の押絵」展に展示協力 8～11月、金沢湯涌夢二記念館「NIPPONの美しい紙文化 日本橋〈はいばら〉と夢二」展に展示協力	

平成23	2011	1月、平木浮世絵財団「七福神と宝船展」に展示協力 10～11月、中央区立郷土天文館（現中央区立郷土資料館）「石橋開橋百周年記念」展に展示協力	「日本橋」架橋100年祭
平成25	2013	4～6月、文京区立森鷗外記念館「鷗外の見た風景──東京方眼図を歩く」展に展示協力	
平成26	2014	2月、徳川ミュージアム「はいばらの梅──江戸・明治・大正 和紙に摺られた梅の花」展に展示協力 月刊誌『NHK俳句』の「和紙のある暮らし」（4月から1年間連載）に企画協力	
平成27	2015	日本橋二丁目北地区再開発に伴い、東京日本橋タワー敷地内に店舗を移転。5月竣工 『「日本橋はいばら」がおくる 四季の暮らしの心得帖』（自由国民社）に企画協力 6～9月、夢二郷土美術館「ユメジデザイン」展に展示協力	
令和2	2020	2月、江戸東京博物館「江戸ものづくり列伝 ニッポンの美は職人の技と心に宿る」展に展示協力 12～翌4月、JAPAN HOUSE LONDON「HAIBARA WASHI」に展示協力	
令和3	2021	2～4月、佐野美術館「千代紙 花鳥風月」展に展示協力	
令和5	2023	12～翌2月、三鷹市美術ギャラリー「HAIBARA Art & Design 和紙がおりなす日本の美」展に展示協力	

参考文献

『技芸之友』1～51号、発行：国工社、販売：金花堂、1905～09年
『互研』再刊 第1～4、発行：互研会、1930年～31年
『季刊 日本橋』第弐号、日本橋研究會、1935年7月
中村直次郎『和紙雑考 見たまゝ聞いたまゝの和紙についての記録』榛原商店、1960年
オールコック著、山口光朔訳『大君の都』上中下、岩波文庫、1962年
中村直次郎『随筆からかみ 日本障壁画よもやま話』榛原商店、1963年
高村智恵子著、高村豊周編『智恵子の紙繪』社会思想社、1965年
『季刊 泉』第10号、文化総合出版、1975年
鹿島卯女編『柴田真哉 開化期の異色画家』鹿島出版会、1978年
中央区教育委員会社会教育課編『中央区の文化財（7）──建造物』中央区教育委員会、1988年
『海を渡った江戸の和紙 パークス・コレクション展』紙の博物館、1994年
『19世紀の和紙展 ライプチヒのコレクション帰朝展』19世紀の和紙展実行委員会、1998年
『織田一磨展』町田市立国際版画美術館、2000年
『世紀の祭典 万国博覧会の美術』NHK・NHKプロモーション・日本経済新聞社、2004年
『ZESHIN──柴田是真の漆工・漆絵・絵画』根津美術館、2012年
野口孝一『銀座、祝祭と騒乱 銀座通りの近代史』平凡社、2020年

作品リスト
LIST OF WORKS

・作品データは、図版番号、作家名(和英)、種別(和英)、作品タイトル(和英)、制作年(和暦 西暦)、技法加工、材質、サイズ(縦×横)または(縦×横×高さ)、所蔵者の順に記載した。
・所蔵者の記載について、＊は個人蔵、記載なしは榛原蔵である。
・作品タイトル(和英)については、本展のために新たにつけたものや翻訳したものが含まれる。
・このリストは本カタログのために編集したものであり、展覧会の出品番号とは一致しない。

1-1
書籍 Book
「江戸買物独案内 上」
Edo shopping guide
文政7年 1824
木版／和綴
和紙
11.7×19.0cm

1-2
引札 Hikifuda
引札「豆州熱海今井製雁皮紙目録」(聚玉堂 榛原直次郎)
Hikifuda: Catalogue of gampi paper issued by Shugyokudo Haibara Naojiro
江戸時代(天保10年以降)
1839-68
木版
和紙
22.5×30.5cm
紙の博物館

1-a
関連資料 Related material
五雲箋
Five-colored rolled paper
明治時代 1868-1912

1-3
絵巻紙貼込帖 Book
絵巻紙貼込帖
Book of picture scrolls
江戸時代(文化文政期以降)
1804-68
木版多色摺
和紙
17.2×23.6×6.5cm

1-4
絵封筒 Illustrated envelope
伊勢(ふる市・宇治橋・あいの山)
Famous places at Ise
江戸時代(文政6年以降)
1823-68
木版
和紙
17.0×4.2cm

1-5
絵封筒 Illustrated envelope
松 Pine tree
江戸(文政6年以降)・明治時代
1823-1912
木版多色摺
和紙
21.0×5.5cm

1-6
酒井抱一 SAKAI Hoitsu
団扇 Fan
菊 Chrysanthemum
不明
木版多色摺
和紙
40.3×27.2cm

1-7
引札 Hikifuda
引札「雁皮紙目録」(聚玉堂 榛原直次郎)
Hikifuda: Catalogue of gampi paper issued by Shugyokudo Haibara Naojiro
明治15-22年 1882-89
木版
和紙
23.5×34.5cm他

1-8
引札 Hikifuda
和欧文引札(榛原直次郎)
Hikifuda: Catalogue of gampi paper in Japanese and English issued by Haibara Naojiro
明治21-45年 1888-1912
木版多色摺
和紙
23.6×15.5cm

1-9
檜扇 Hinoki cypress fan
桜に鹿
Cherry blossom with deer
不明
着色
板(檜か)
幅56.8cm 半径36.3cm
＊

1-b
関連資料 Related material
帝国日本東京日本橋之図
Picture of Nihonbashi in Tokyo, Empire of Japan
明治20年頃 c.1887
紙の博物館

2-1
千代紙 Chiyogami
(colorful craft paper)
宝尽くし
Miscellaneous treasures
明治時代 1868-1912
木版多色摺
和紙
32.2×44.2cm

2-2
千代紙 Chiyogami
松竹梅
Pine trees, bamboo and plum blossoms
明治時代 1868-1912
木版多色摺
和紙
32.2×44.3cm

2-3
梶田半古 KAJITA Hanko
千代紙 Chiyogami
丸紋花尽くし
Miscellaneous flowers
明治時代 1868-1912
木版多色摺
和紙
32.2×44.2cm

2-4
千代紙 Chiyogami
小牡丹 Small peonies
明治時代 1868-1912
木版多色摺
和紙
33.2×44.3cm

2-5
千代紙 Chiyogami
松に鶴 Pine tree with cranes
明治時代 1868-1912
木版多色摺
和紙
32.2×44.4cm

2-6
千代紙 Chiyogami
朝顔 Morning-glories
明治時代 1868-1912
木版多色摺
和紙
32.2×44.3cm

2-7
千代紙 Chiyogami
雲鶴 Cranes in clouds
明治時代 1868-1912
木版多色摺
和紙
32.2×44.3cm

2-8
千代紙 Chiyogami
花菱
Flower and diamond pattern
明治時代 1868-1912
木版多色摺
和紙
32.2×44.3cm

2-9
千代紙 Chiyogami
花蜀江
Flower and shokko pattern
明治時代 1868-1912
木版多色摺
和紙
32.2×44.4cm

2-10
千代紙 Chiyogami
鶴亀松竹梅に雲
Cranes, turtles, pine trees, bamboo, plum blossoms and clouds
明治時代 1868-1912
木版多色摺
和紙
32.2×44.4cm

2-11
千代紙 Chiyogami
色硝子 Colored glass
明治時代 1868-1912
木版多色摺
和紙
32.1×44.2cm

2-12
千代紙 Chiyogami
波に鴛鴦
Mandarin ducks and waves
(明治時代)(1868-1912)
木版多色摺
和紙
32.2×44.3cm

2-13
千代紙 Chiyogami
松竹に藤
Pine trees, bamboo and wisteria
明治時代 1868-1912
木版多色摺
和紙
32.2×44.2cm

2-14
河鍋暁斎 KAWANABE Kyosai
千代紙 Chiyogami
桜と楓
Cherry blossoms and maple leaves
明治時代 1868-1912
木版多色摺
和紙
32.2×40.7cm

2-15
河鍋暁斎 KAWANABE Kyosai
千代紙 Chiyogami
桜と楓
Cherry blossoms and maple leaves
明治時代 1868-1912
木版多色摺
和紙
32.2×44.4cm

2-16
河鍋暁斎 KAWANABE Kyosai
千代紙 Chiyogami
牡丹 Peonies
明治時代 1868-1912
木版多色摺
和紙
32.3×44.4cm

2-17
河鍋暁斎 KAWANABE Kyosai
千代紙 Chiyogami
菊花 Chrysanthemums
明治時代 1868-1912
木版多色摺
和紙
32.2×34.2cm

2-18
河鍋暁斎 KAWANABE Kyosai
千代紙 Chiyogami
牡丹 Peonies
(明治時代)(1868-1912)
木版多色摺
和紙
38.0×53.0cm

2-19
河鍋暁斎 KAWANABE Kyosai
千代紙 Chiyogami
菊花尽くし
Plethora of chrysanthemums
明治時代 1868-1912
木版多色摺
和紙
32.2×44.3cm

2-20
河鍋暁斎 KAWANABE Kyosai
千代紙 Chiyogami
牡丹尽くし Plethora of peonies
明治時代 1868-1912
木版多色摺
和紙
32.2×44.3cm

2-21
河鍋暁斎 KAWANABE Kyosai
千代紙 Chiyogami
重陽 Choyo (Chrysanthemums)
明治時代 1868-1912
木版多色摺
和紙
37.4×50.6cm

2-22
綾岡有真 AYAOKA Yushin
千代紙 Chiyogami
笹桐 寿帯鳥
Bamboo grass, paulownia and long-tailed cock
明治時代 1868-1912
木版多色摺
和紙
35.0×47.2cm

2-23
川端玉章
KAWABATA Gyokusho
千代紙 Chiyogami
麦 Wheat
明治38年 1905
木版多色摺
和紙
32.2×44.2cm

2-24
川端玉章
KAWABATA Gyokusho
千代紙 Chiyogami
柏に松葉 Oak and pine needles
明治38年 1905
木版多色摺
和紙
32.2×44.3cm

2-25
川端玉章
KAWABATA Gyokusho
千代紙 Chiyogami
四君子
The four classic plants (orchid, chrysanthemum, plum, bamboo)
明治38年 1905
木版多色摺
和紙
32.2×44.2cm

2-26
川端玉章
KAWABATA Gyokusho
千代紙 Chiyogami
紅葉尽くし
Plethora of autumn leaves
明治38年 1905
木版多色摺
和紙
32.2×44.3cm

2-27
川端玉章
KAWABATA Gyokusho
千代紙 Chiyogami
蕗 Petasites
明治38年 1905
木版多色摺
和紙
32.1×44.2cm

2-28
川端玉章
KAWABATA Gyokusho
千代紙 Chiyogami
貝合わせ
Seashells for matching game
明治38年 1905
木版多色摺
和紙
32.1×41.2cm

2-29
川端玉章
KAWABATA Gyokusho
千代紙 Chiyogami
陣幕に桜と楓
Camp enclosure curtain with cherry blossoms and maples
明治38年 1905
木版多色摺
和紙
32.1×40.6cm

2-30
川端玉章
KAWABATA Gyokusho
千代紙 Chiyogami
模様合わせ
Pattern designs for matching game
(明治38年)(1905)
木版多色摺
和紙
37.5×52.5cm

2-31
川端玉章
KAWABATA Gyokusho
千代紙 Chiyogami
能尽くし
Miscellaneous Noh accessories
明治38年 1905
木版多色摺
和紙
33.2×44.1cm

2-32
川端玉章
KAWABATA Gyokusho
千代紙 Chiyogami
銀杏 Gingko
明治38年 1905
木版多色摺
和紙
32.1×44.0cm

2-33
千代紙 Chiyogami
桜と松葉
Cherry blossoms and pine needles
不明
木版多色摺
和紙
37.2×51.5cm

2-34
千代紙 Chiyogami
貝尽くし
Miscellaneous shellfishes
不明
木版多色摺
和紙
37.2×51.5cm

2-35
千代紙 Chiyogami
梅 Plum blossoms
不明
木版多色摺
和紙
32.1×52.0cm

2-36
千代紙 Chiyogami
杼 Shuttle pattern
不明
木版多色摺
和紙
39.2×52.4cm

2-37
河鍋暁斎 KAWANABE Kyosai
千代紙 Chiyogami
紅葉尽くし
Plethora of autumn leaves
不明
木版多色摺
和紙
37.2×50.5cm

2-38
千代紙 Chiyogami
汐汲み
Tools for drawing sea water
不明
木版多色摺
和紙
38.9×52.0cm

2-39
竹久夢二 TAKEHISA Yumeji
千代紙 Chiyogami
山みち Mountain paths
大正時代以降 1912–
木版多色摺
和紙
35.6×50.6cm

2-40
千代紙 Chiyogami
組木
Pattern of assembled trees
大正時代以降 1912–
木版多色摺
和紙
38.6×52.5cm

2-41
千代紙 Chiyogami
洲浜 Sandbanks
不明
木版多色摺
和紙
39.6×52.5cm

2-42
千代紙 Chiyogami
八重菊 Yaegiku (chrysanthemums)
不明
木版多色摺
和紙
37.5×51.4cm

2-43
千代紙 Chiyogami
玩具尽くし Miscellaneous toys
不明
木版多色摺
和紙
35.7×41.3cm

2-44
千代紙 Chiyogami
矢車草 Cornflowers
大正時代 1912–26
木版多色摺
和紙
37.3×50.7cm

2-45
千代紙 Chiyogami
利休紙風(植物模様)
Rikyu-shi style (plant pattern)
不明
木版摺
和紙
35.5×48.5cm

3-1
久保田米斎 KUBOTA Beisai
絵短冊 Illustrated striped paper
十二ヶ月絵短冊
Scenes of the twelve months
明治37年頃 c.1904
木版多色摺
和紙
36.3×6.7cm

3-2
榊原紫峰 SAKAKIBARA Shiho
絵短冊 Illustrated striped paper
十二ヶ月絵短冊
Scenes of the twelve months
明治41年–大正時代
1908–26
木版多色摺
和紙
36.3×6.8cm

3-3
長野草風 NAGANO Sohu
絵短冊 Illustrated striped paper
十二ヶ月絵短冊
Scenes of the twelve months
明治41年–大正時代
1908–26
木版多色摺
和紙
36.3×6.7cm

3-4
川端龍子 KAWABATA Ryushi
絵短冊 Illustrated striped paper
十二ヶ月絵短冊
Scenes of the twelve months
明治末期–大正初期
c.1911–18
木版多色摺
和紙
36.4×6.8cm

3-5
田中頼璋 TANAKA Raisho
絵短冊 Illustrated striped paper
第二十三編 十二ヶ月絵短冊
Scenes of the twelve months, Vol. 23
大正5年 1916
木版多色摺
和紙
36.3×6.6cm

3-6
結城素明 YUKI Somei
絵短冊 Illustrated striped paper
第二十五編 十二ヶ月絵短冊
Scenes of the twelve months, Vol. 25
大正7年 1918
木版多色摺
和紙
36.3×6.2cm

3-7
柴田是真 SHIBATA Zeshin
大小暦 Calender
紀元よし
明治廿三庚寅年略暦
Kigenyoshi, daishoreki calendar of 1890
明治22年 1889
木版多色摺
紙
12.5×13.5cm

3-8
柴田真哉 SHIBATA Shinsai
大小暦 Calender
紀元よし
明治廿五壬辰年略暦
Kigenyoshi, daishoreki calendar of 1892
明治24年 1891
木版多色摺
紙
12.0×13.4cm

3-9
川端玉章
KAWABATA Gyokusho
大小暦 Calender
明治廿六癸巳平年略暦
Daishoreki calendar of 1893
明治25年 1892
木版多色摺
和紙
21.1×28.1cm

3-10
綾岡有真 AYAOKA Yushin
大小暦 Calender
大正二癸丑年略暦
Daishoreki calendar of 1913
大正元年 1912
木版多色摺
和紙
21.4×28.3cm

3-11
団扇 Fan
秋草図 Autumn flowers
不明
着色
和紙
38.5×23.2cm
*

3-12
団扇 Fan
白鳥に椿 Swans and camellias
不明
着色
和紙
38.3×23.4cm
*

3-13
二代歌川国明
UTAGAWA Kuniaki II
団扇絵 Picture for fan
乳母車 Baby carriage
不明
木版多色摺
和紙
22.3×23.1cm

3-14
橋本雅邦 HASHIMOTO Gaho
団扇絵 Picture for fan
山水図 Landscape
不明
木版多色摺
和紙
24.0×25.5cm

3-15
川端玉章
KAWABATA Gyokusho
団扇絵 Picture for fan
砧打つ女 Woman fulling cloth
不明
木版多色摺
和紙
24.3×25.7cm

3-16
川端玉章
KAWABATA Gyokusho
団扇絵 Picture for fan
洋傘 Umbrellas
不明
木版多色摺
和紙
18.7×18.0cm

3-17
竹内栖鳳 TAKEUCHI Seiho
団扇絵 Picture for fan
洋装人物図
People in Western-style clothes
不明
木版多色摺
和紙
24.1×25.7cm

3-18
寺崎広業 TERASAKI Kogyo
団扇絵 Picture for fan
唐美人 Chinese beauty
明治40年頃 c.1907
木版多色摺
和紙
24.1×25.7cm

3-19
藤島武二 FUJISHIMA Takeji
団扇絵 Picture for fan
ヨット Yachts
不明
木版多色摺
和紙
25.3×25.1cm

3-20
小川芋銭 OGAWA Usen
団扇絵 Picture for fan
夏川
Crossing the river in summer
不明
木版多色摺
和紙
24.2×24.5cm

3-21
田中頼璋 TANAKA Raisho
団扇絵 Picture for fan
果実とウマオイ
Fruits and grasshoppers
不明
木版多色摺
和紙
23.5×24.8cm

3-22
阪井久良伎 SAKAI Kuraki
団扇 Fan
王子権現 Oji Shrine
不明
木版多色摺
和紙
33.4×23.8cm

3-23
川合玉堂 KAWAI Gyokudo
団扇 Fan
月見草 Evening primroses
不明
木版多色摺
絹本
37.3×23.9cm

3-24
川北霞峰 KAWAKITA Kaho
団扇絵 Picture for fan
海に帆掛舟
Sailing ships on the sea
不明
木版多色摺
和紙
23.0×24.2cm

3-25
鏑木清方
KABURAKI Kiyokata
団扇 Fan
納涼美人図
Beauty enjoying the evening cool
不明
木版多色摺
和紙
40.3×21.3cm

3-26
松岡映丘 MATSUOKA Eikyu
団扇絵 Picture for Fan
遠望の島影 Landscape
不明
木版多色摺
和紙
24.7×24.7cm

3-27
太田秋民 OTA Shumin
団扇絵 Picture for fan
渓流 Mountain stream
不明
木版多色摺
和紙
24.8×25.0cm

3-28
川瀬巴水 KAWASE Hasui
団扇 Fan
姫路城 Himeji Castle
不明
木版多色摺
和紙
38.1×23.4cm

3-29
川瀬巴水 KAWASE Hasui
団扇 Fan
雨の奥多摩 Okutama in the rain
不明
木版多色摺
和紙
24.1×25.3cm

3-30
川瀬巴水 KAWASE Hasui
団扇絵 Picture for fan
金閣寺の暮雪
Kinkaku-ji on a snowy evening
昭和9年12月 Dec.1934
着色
紙
34.3×31.3cm
*

3-31
川瀬巴水 KAWASE Hasui
団扇絵 Picture for fan
高松の朝
Takamatsu in the morning
昭和9年12月 Dec.1934
着色
紙
34.3×31.3cm
*

3-32
高倉観崖 TAKAKURA Kangai
団扇 Fan
月に菜の花
The moon and rape flowers
不明
着色／木版多色摺
和紙
38.8×23.8cm

3-33
山村耕花 YAMAMURA Koka
団扇絵 Picture for fan
ぐみに雪
Gumi berry on a snowy day
不明
木版多色摺
和紙
24.3×26.2cm

3-34
蔦谷龍岬 TSUTAYA Ryuko
団扇絵 Picture for fan
柳に白鷺
Willows and an egret
大正期–昭和3年 1912–28
木版多色摺
和紙
23.8×25.7cm

3-35
矢沢弦月 YAZAWA Gengetsu
団扇絵 Picture for fan
湖上投網 Fishing in a lake
大正末期 c.1920–26
木版多色摺
和紙
23.7×25.4cm

3-36
多田北烏 TADA Hokuu
団扇絵 Picture for fan
日本アルプス旭岳
Asahidake, Japan Alps
不明
木版多色摺
和紙
24.2×24.3cm

3-37
多田北烏 TADA Hokuu
団扇 Fan
モガと蟹
Modern girl and crabs
不明
木版多色摺
和紙
42.4×21.6cm

3-38
西沢笛畝 NISIZAWA Tekiho
団扇絵 Picture for fan
桃果 Peaches
不明
木版多色摺
和紙
24.3×25.2cm

3-39
河合卯之助 KAWAI Unosuke
団扇 Fan
双魚 Paired-fish design
大正15年頃 c.1926
木版多色摺
和紙
35.9×23.3cm

3-40
福田平八郎
FUKUDA Heihachiro
団扇絵 Picture for fan
水玉 Polka dots
不明
木版多色摺
和紙
25.6×25.7cm

3-41
山口蓬春
YAMAGUCHI Hoshun
団扇絵 Picture for fan
川蝉 Kingfisher
不明
木版多色摺
和紙
26.0×27.7cm

3-42
団扇絵 Picture for fan
乳牛 Cow
不明
木版多色摺
和紙
24.7×25.5cm

3-43
団扇絵 Picture for fan
芥子 Opium poppies
不明
木版多色摺
和紙
25.0×25.8cm

3-44
団扇絵 Picture for fan
夜 Night
不明
木版多色摺
和紙
24.6×25.6cm

3-45
団扇 Fan
キャセイパシフィック航空(CPA)読え
Cathay Pacific Airlines promotional fan
昭和21-34年頃 c.1946-59
印刷
洋紙
39.1×23.0cm

3-46
団扇 Fan
1940年オリンピック読え
Tokyo Olympics 1940 promotional fan
昭和10-13年頃 c.1935-38
印刷
洋紙
39.7×15.3cm

3-47
伊藤綾園 ITO Ryoen
団扇絵 Picture for fan
上州沼田町
青木吉右エ門醤油読え
Aoki Kichiemon soy sauce promotional fan
不明
木版多色摺
和紙
各23.8×24.4cm

3-48
綾岡有真 AYAOKA Yushin
団扇絵 Picture for fan
麒麟ビール読え
Kirin beer promotional fan
不明
木版多色摺
和紙
24.0×25.8cm

3-49
伊藤綾春 ITO Ryoshun
団扇絵 Picture for fan
帝国ホテル読え
Imperial Hotel promotional fan
不明
木版多色摺
和紙
各23.8×25.7cm

3-50
団扇絵 Picture for fan
ビール(アサヒ・ヱビス・サッポロ)読え
Beer (Asahi, Ebisu, Sapporo) promotional fan
不明
木版多色摺
和紙
25.8×24.7cm

3-51
団扇絵 Picture for fan
奥谷の鷺娘(日本酒)読え
Sagimusume (sake) promotional fan
不明
木版多色摺
和紙
各23.2×24.6cm

4-1
その他 Others
豆文具一式(五色巻紙・五色封筒・書簡箋・豆本入り筆筒)
Mini stationary set
不明
木、和紙ほか
五色豆巻紙・封筒入り桐箱6.5×5.5×3.0、書簡箋桐箱15.0×10.5×3.0、豆本入り桐筆筒外箱11.0×7.0×10.0cm

5-1
絵封筒・巻紙
Illustrated envelope, Scroll paper
直筆書簡(榛原製絵封筒・絵巻紙使用)
Letter (using letter set made by Haibara)
江戸(文政6年以降)-明治時代 1823-1912
木版多色摺/直筆
和紙、墨
封筒18.0×4.0、巻紙17.0×99.0cm

5-2
状袋貼込帖 Book
状袋貼込帖
Book of folding envelopes
江戸(文政6年以降)-明治時代 1823-1912
木版多色摺
和紙
27.7×16.0cm

5-3
絵半切貼込帖 Book
絵半切貼込帖より
明治神宮
Book of half-size washi letter paper: Meiji Shrine
明治時代以降 1868-
木版多色摺
和紙
23.7×55.8cm

5-4
綾岡有真か AYAOKA Yushin?
絵封筒 Illustrated envelope
洋絵封筒のための下絵(花見・梅見・縁台での梅見)
Design for European envelope (flower-viewing party)
明治時代以降 1868-
着色
雁皮紙
27.0×38.7cm
*

5-5
綾岡有真か AYAOKA Yushin?
絵封筒 Illustrated envelope
洋絵封筒とカードのセット
European illustrated envelopes and cards set
明治時代以降 1868-
木版多色摺
紙
封筒9.3×12.1、カード18.0×23.0cm

5-6
絵封筒 Illustrated envelope
舟 Ships
不明
木版多色摺
和紙
19.3×6.3cm

5-7
絵封筒 Illustrated envelope
嵐山 Arashiyama
不明
木版多色摺
和紙
19.3×6.3cm

5-8
河鍋暁斎 KAWANABE Kyosai
絵封筒 Illustrated envelope
封筒「東京開化名所文筒」
Envelope designs with civilizational landmarks in Tokyo
明治10年頃 c.1877
木版多色摺
和紙
封筒各18.9×6.1、袋25.7×7.2cm
河鍋暁斎記念美術館

5-9
小絲源太郎 KOITO Gentaro
絵封筒 Illustrated envelope
インコ Bird
大正時代 1912-26
木版多色摺
和紙
19.0×6.3cm

5-10
小絲源太郎 KOITO Gentaro
絵封筒 Illustrated envelope
虹 Rainbow
大正時代 1912-26
木版多色摺
和紙
19.0×6.3cm

5-11
小絲源太郎 KOITO Gentaro
絵封筒 Illustrated envelope
千鳥 Chidori (plovers)
大正時代 1912-26
木版多色摺
和紙
19.0×6.3cm

5-12
小絲源太郎 KOITO Gentaro
絵封筒 Illustrated envelope
ヒヤシンス Hyacinthus
大正時代 1912-26
木版多色摺
和紙
19.0×6.3cm

5-13
絵封筒 Illustrated envelope
洋風絵封筒
Illustrated envelopes
不明
木版多色摺
和紙
各15.0×6.0cm

5-14
絵封筒貼込帖 Book
絵封筒貼込帖
Book of envelopes
不明
和紙
30.9×33.3cm

5-15
竹久夢二 TAKEHISA Yumeji
絵封筒 Illustrated envelope
蒲公英(たんぽぽ) Dandelion
大正時代 1912-26
木版多色摺
和紙
19.3×7.0cm

5-16
竹久夢二 TAKEHISA Yumeji
絵封筒 Illustrated envelope
花 Flowers
大正時代 1912-26
木版多色摺
和紙
19.0×6.3cm

5-17
竹久夢二 TAKEHISA Yumeji
絵封筒 Illustrated envelope
花 Flowers
大正時代 1912-26
木版多色摺
和紙
19.0×6.3cm

5-18
竹久夢二 TAKEHISA Yumeji
絵封筒 Illustrated envelope
花 Flowers
大正時代 1912-26
木版多色摺
和紙
19.3×7.0cm

5-19
竹久夢二 TAKEHISA Yumeji
絵封筒・巻紙
Illustrated envelope, Scroll paper
お葉宛 夢二直筆書簡(榛原製便箋・封筒使用)
Letter to SASAKI Kaneyo (Oyo) written by TAKEHISA Yumeji (using letter set made by Haibara)
大正11年 1922
木版多色摺/直筆
和紙、墨
封筒台紙23.5×14.8、巻紙17.4×60.8cm
三鷹市高相コレクション

5-20
熨斗 Noshi
切熨斗 Kiri-noshi
明治時代以降 1868-
木版多色摺
和紙
17.8×25.6cm

5-21
熨斗 Noshi
古代模様御のし津々美
Noshi with antique pattern
明治30年代 1897-1906
木版多色摺
和紙
23.5×12.7cm

5-22
河鍋暁斎 KAWANABE Kyosai
熨斗 Noshi
折熨斗 Ori-noshi
不明
木版多色摺
和紙
各15.5×7.8cm

5-23
ぽち袋・祝儀袋貼込帖 Book
祝儀袋貼込帖
Book of traditional wrapping with mizuhiki
不明
木版多色摺
和紙
6.5×4.3cm

5-24
河鍋暁斎・暁翠ほか
KAWANABE Kyosai,
KAWANABE Kyosui and others
ぽち袋 Small envelope
ぽち袋揃「御祝儀袋十二ヶ月」
Small envelope set: Calendar of annual events
不明
木版多色摺
和紙
たとう21.2×18.8、ぽち袋9.2×3.9cm

5-25
柴田是真 SHIBATA Zeshin
ぽち袋 Small envelope
ぽち袋揃「花くらべ」
Small envelope set: Various flowers
不明
木版多色摺
和紙
たとう21.2×17、ぽち袋9.2×3.9cm

5-26
ぽち袋 Small envelope
ぽち袋揃
「御大典奉祝 御祝儀包」
Small envelope set: Enthronement celebration
不明
木版多色摺
和紙
たとう21.5×18.5、ぽち袋9.2×3.9cm

5-27
ぽち袋 Small envelope
ぽち袋揃「食道楽」
Small envelope set: Gastronome
不明
木版多色摺
和紙
たとう22.0×18.0、ぽち袋9.2×3.9cm

5-28
ぽち袋 Small envelope
ぽち袋揃 七福神
Small envelope set: Seven deities of good fortune
不明
木版多色摺
和紙
9.2×3.9cm

5-29
ぽち袋 Small envelope
月夜の黒猫
Black cat in the moonlight
不明
木版多色摺

和紙
9.3×3.8cm

5-30
ぽち袋 Small envelope
我が物と A snowy day
不明
木版多色摺
和紙
9.4×4.0cm

5-31
ぽち袋 Small envelope
トランプ Trump card
不明
木版多色摺
和紙
6.4×4.2cm

5-32
ぽち袋 Small envelope
招き猫 Maneki-neko
不明
木版多色摺
和紙
7.7×4.7cm

5-33
ぽち袋 Small envelope
招き猫 Maneki-neko
不明
木版多色摺
和紙
5.5×2.9cm

5-34
ぽち袋 Small envelope
千両箱
Box of 1000 gold coins
不明
木版多色摺
和紙
5.4×3.3cm

5-35
ぽち袋 Small envelope
(青地に白網目文様)
(White netting pattern on blue ground)
不明
木版多色摺
和紙
9.2×3.8cm

5-36
ぽち袋 Small envelope
小唄集 Book of songs
不明
木版多色摺
和紙
9.2×3.8cm

5-37
ぽち袋 Small envelope
(黒字に黄色文字)
(Yellow letters on black ground)
不明
木版多色摺
和紙
9.5×3.9cm

5-38
ぽち袋 Small envelope
高砂 Noh play *Takasago*
不明
木版多色摺
和紙
9.2×3.9cm

5-39
竹久夢二 TAKEHISA Yumeji
ぽち袋 Small envelope
宝船 Treasure ship
大正時代 1912-26
木版多色摺
和紙
6.5×4.2cm

5-40
ぽち袋 Small envelope
髑骨 Skeleton
大正時代頃 c.1912-26
木版多色摺
和紙
9.2×3.9cm

6-1
柴田是真 SHIBATA Zeshin
団扇絵 Picture for fan
酔後の亀 Drunken sleeping turtle
不明
木版多色摺
和紙
25.2×25.6cm

6-2
柴田是真 SHIBATA Zeshin
団扇絵 Picture for fan
桐花 Paulownia tomentosa
不明
木版多色摺
和紙
24.7×25.4cm

6-3
柴田是真 SHIBATA Zeshin
木版画 Print
『花くらべ』初編
***Hana Kurabe*, first chapter**
明治24年以降 1891-
木版多色摺
和紙
19.0×26.0cm

6-4
柴田是真 SHIBATA Zeshin
摺物 Print
俳諧摺物(椿)
Private print for Haikai
不明
木版多色摺
和紙
13.7×28.5cm

6-5
柴田是真 SHIBATA Zeshin
木版画 Print
『花くらべ』貳編(折本)
***Hana Kurabe*, second chapter**
大正7年 1918
木版多色摺
和紙
12.4×9.0×1.5cm

6-6
柴田是真 SHIBATA Zeshin
画稿 Study
(巻物) Rolled paper
不明
着色
和紙
22.1×57.2cm
*

6-7
柴田是真 SHIBATA Zeshin
画稿 Study
(瓢箪涅槃図・七代目団十郎追善摺物)
Gourds / memorial print for Ichikawa Danjuro VII
安政6年 1859
着色
和紙
38.3×53.5cm
*

6-8
柴田是真 SHIBATA Zeshin
画稿 Study
(雀) Sparrows
嘉永3年春 Spring 1850
着色
和紙
20.7×54.3cm
*

6-9
柴田是真 SHIBATA Zeshin
画稿 Study
紙漉 Kamisuki (making Japanese paper)
不明
着色
和紙
26.6×38.3cm
*

6-10
柴田是真 SHIBATA Zeshin
画稿 Study
団扇と燕
Fans and swallows
不明
着色
和紙
26.5×38.3cm
*

6-11
柴田是真 SHIBATA Zeshin
画稿 Study
(書画会)
Meeting for extemporary painting and writing
不明
着色
和紙
22.3×28.7cm
*

6-12
柴田是真 SHIBATA Zeshin
漆絵 Lacquer painting
花瓶梅図漆絵
Lacquer painting of plum blossoms in a vase
明治14年 1881
漆絵
紙、漆
84.5×40.4cm
板橋区立美術館

6-13
河鍋暁斎 KAWANABE Kyosai
掛軸 Hanging scroll
弾琴五美女憩いの図
Five beautiful koto players relaxing
不明
着色
絹本
113.0×56.0cm
河鍋暁斎記念美術館

6-14
河鍋暁斎 KAWANABE Kyosai
団扇絵 Picture for fan
雄鶏図 Cock and flowers
不明
木版多色摺
和紙
24.2×25.7cm

6-15
河鍋暁斎 KAWANABE Kyosai
団扇絵 Picture for fan
福女 Merry women
不明
木版多色摺
和紙
23.9×25.6cm

6-16
河鍋暁翠 KAWANABE Kyosui
大小暦 Calender
明治三十六癸卯年略暦
Daishoreki calendar of 1903
明治35年 1902
木版多色摺
和紙
21.3×27.2cm

6-17
河鍋暁翠 KAWANABE Kyosui
大小暦 Calender
明治三十九丙午年略暦
Daishoreki calendar of 1906
明治38年 1905
木版多色摺
和紙
21.4×27.8cm

6-18
河鍋暁斎 KAWANABE Kyosai
貼込帖 Scrapbook
便箋・包装紙等デザイン貼込帖
Kyosai's letter paper, wrapping paper etc.
不明
木版多色摺
紙
28.8×18.0cm(折帖表紙)
河鍋暁斎記念美術館

6-19
河鍋暁斎 KAWANABE Kyosai
貼込帖 Scrapbook
デザイン版画貼込帖
Kyosai's design scrapbook
不明
木版多色摺
紙
28.8×18.0cm(折帖表紙)
河鍋暁斎記念美術館

6-20
綾岡有真 AYAOKA Yushin
団扇絵 Picture for fan
瓢箪 Gourds
不明
木版多色摺
和紙
24.0×25.9cm

6-21
綾岡有真 AYAOKA Yushin
団扇絵 Picture for fan
向かい鶴・松・霊芝
Pair of cranes, pine tree, Ganoderma lucidum
不明
木版多色摺
和紙
24.2×25.7cm

6-22
綾岡有真 AYAOKA Yushin
団扇絵 Picture for fan
扇面ちらし
Miscellaneous folding fans
不明
木版多色摺
和紙
24.3×25.7cm

6-23
綾岡有真 AYAOKA Yushin
摺物 Print
笠阿弥陀佛 "Kasa amidabutsu" (memorial print for the founder of Chikusen)
不明
木版多色摺
和紙
外袋43.4×19.5、摺物44.0×59.0cm

6-24
伊藤綾春 ITO Ryoshun
写生画 Sketch
写生画 Sketch
明治42年-大正2年
1909-13
墨/着色
和紙
24.5×33.5cm
*

6-25
伊藤綾春 ITO Ryoshun
画帖 Sketchbook
写生帖『塩ばらの秋』
Autum in Shiobara
明治43年11月4日-6日
Nov. 4-6 1910
着色
和紙
25.0×17.0cm
*

6-26
伊藤綾春 ITO Ryoshun
団扇絵 Picture for fan
菊 Chrysanthemums
不明
木版多色摺
和紙
23.8×25.5cm

6-27
伊藤綾春 ITO Ryoshun
団扇絵 Picture for fan
景 Landscape
不明
木版多色摺
和紙
各24.0×25.5cm

6-28
伊藤綾春 ITO Ryoshun
団扇絵 Picture for fan
春の野 A spring field
不明
木版多色摺
和紙
各24.0×24.6cm

6-29
伊藤綾園 ITO Ryoen
団扇絵 Picture for fan
月下の菊
Chrysanthemums under the moon
不明
木版多色摺
和紙
24.3×25.7cm

6-30
竹久夢二 TAKEHISA Yumeji
木版絵 Print
梅 Plums
大正時代 1912-26
木版多色摺
和紙
53.3×39.1cm

6-31
竹久夢二 TAKEHISA Yumeji
木版絵 Print
竹 Bamboo
大正時代 1912-26
木版多色摺
和紙
53.0×39.0cm

6-32
竹久夢二 TAKEHISA Yumeji
木版絵 Print
葡萄 Grapes
大正時代 1912-26
木版多色摺
和紙
53.8×39.1cm

6-33
竹久夢二 TAKEHISA Yumeji
団扇絵 Picture for fan
菱 Trapa japonicas
大正時代頃 c.1914-26
木版多色摺
和紙
24.5×25.5cm

6-34
竹久夢二 TAKEHISA Yumeji
団扇絵 Picture for fan
柳 Willow
大正時代頃 c.1914-26
木版多色摺
和紙
24.5×24.8cm

6-35
竹久夢二 TAKEHISA Yumeji
団扇絵 Picture for fan
木 Tree in the wind
大正時代頃 c.1914-26
木版多色摺
和紙
24.5×26.7cm

6-36
竹久夢二 TAKEHISA Yumeji
団扇絵 Picture for fan
蒲公英(たんぽぽ) Dandelion
大正時代頃 c.1914-26
木版多色摺
和紙
24.2×25.4cm

2023年現在の榛原日本橋本店

DEALER IN PAPER AND STATIONER

HAIBARA

Est. 1806

Credits

写真提供：
公益財団法人紙の博物館: pp. 11, 15
中央区立京橋図書館: p. 12左
公益財団法人JR東海生涯学習財団: p. 92右上
公益財団法人河鍋暁斎記念美術館: pp. 112, 154, 158–159
三鷹市: pp. 118–119
板橋区立美術館: p. 153
株式会社榛原: p. 206

本書制作にあたり、著作権者不明につき許諾申請が実施できなかった作品がございます。
該当される方がおられましたら、誠にお手数ですが青幻舎までご一報いただけますと幸いです。

執筆
富田智子（三鷹市美術ギャラリー）
藤本敦美（元榛原資料調査担当学芸員）

翻訳
アンドレアス・シュトゥールマン

デザイン
原条令子デザイン室

編集
廣瀬歩（STORK）

編集統括
鎌田恵理子（青幻舎）

編集協力
株式会社榛原
中村晴子
大木優子
田丸志乃
光武晴香

榛原―はいばら―の藝術とデザイン
HAIBARA Art & Design 和紙がおりなす日本の美

発行日 2024年1月6日 初版発行

監修
三鷹市美術ギャラリー

発行者
片山誠

発行所
株式会社青幻舎
京都市中京区梅忠町9–1 〒604–8136
Tel.075–252–6766 Fax.075–252–6770
https://www.seigensha.com/

印刷・製本
株式会社シナノパブリッシングプレス

Printed in Japan
ISBN978-4-86152-940-5 C0070

Texts by
Tomita Satoko
(Mitaka City Gallery of Art)
Fujimoto Atsumi
(Formerly curator in charge of Haibara-related research)

Translated by
Andreas Stuhlmann

Designed by
Harajo Reiko Design Office

Edited by
Hirose Ayumi (STORK)

Editorial supervision
Kamada Eriko (Seigensha)

Editorial Cooperation
HAIBARA CO., LTD.
Nakamura Haruko
Oki Yuko
Tamaru Shino
Mitsutake Haruka

HAIBARA Art & Design:
Washi paper and Japanese aesthetic

First Edition January 6, 2024

Supervision
Mitaka City Gallery of Art

Publisher
Katayama Makoto

Published by
Seigensha Art Publishing, Inc.
9-1, Umetada-cho, Nakagyo-ku, Kyoto, 604-8136, Japan
Tel: +81 75 252 6766 Fax: +81 75 252 6770
https://www.seigensha.com/

Printed and Bound by
SHINANO Co.,Ltd.

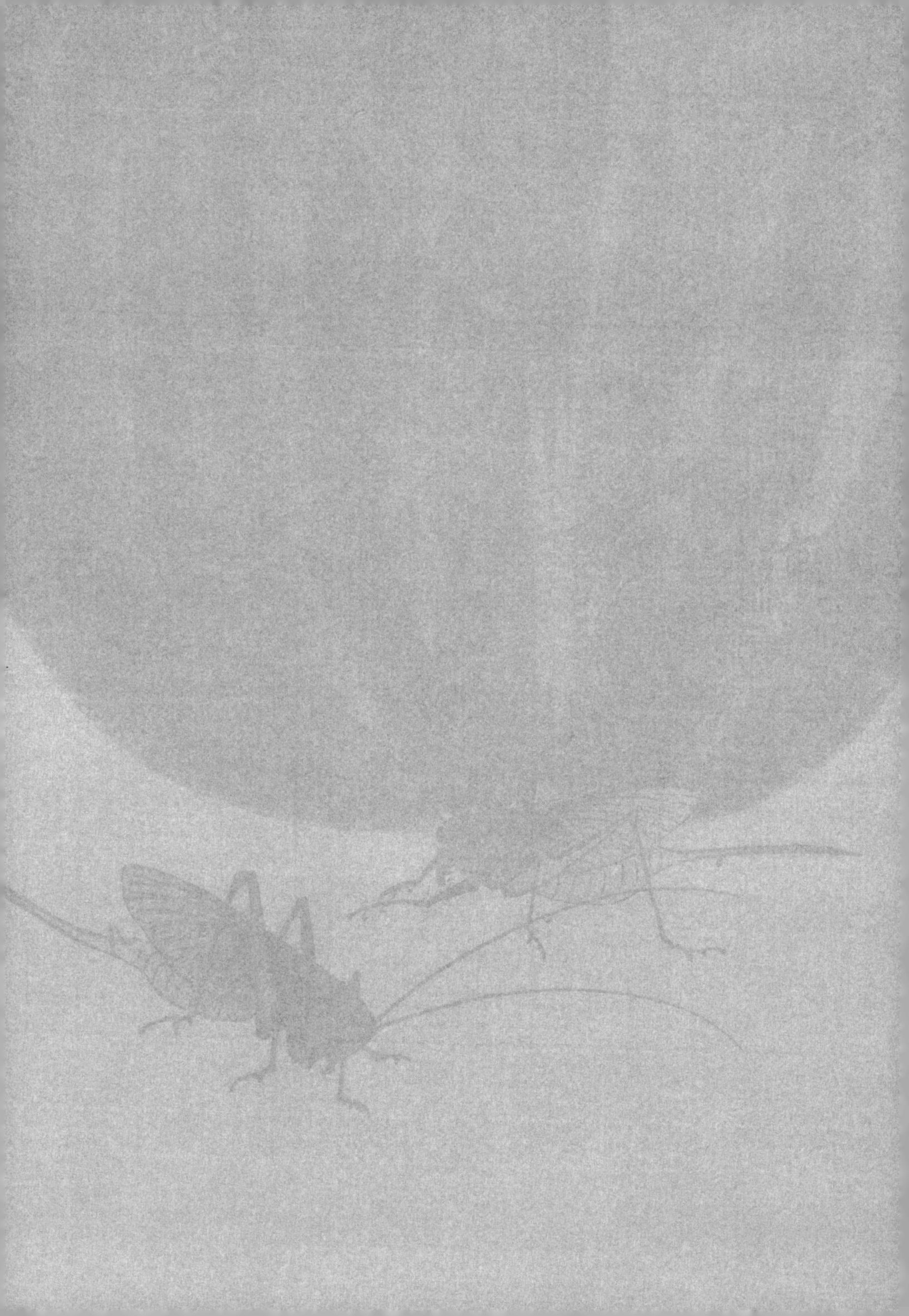